森林康養步道
設計與實踐

付而康、李西、黃遠祥 編著

財經錢線

前言

　　隨著現代社會越來越快的生活節奏，我們正在慢慢喪失一些原本需要用身體去衡量、用慢行去感受、用自然荒野體驗來認識的純真世界。面對此情此景，我們迫切需要探索新的方式、新的載體來實現迴歸自然的渴望，並以此作為啓發，重新構建人與自然的基本關係。自然環境給人類帶來的康復與療養的潛力是巨大且充滿吸引力的。迴歸大自然、走進森林逐漸成為現代人最為向往的休憩娛樂方式，而兼具連接功能和景觀功能的遊憩步道則是森林遊憩活動順利進行的基本保障。

　　森林康養步道是遊客們用腳步踏出的「文化地標」，它以步道系統的形式遍布於自然美景與文化遺產中，構建起線性的生態大動脈，是生態基礎設施建設的重要組成部分。森林康養步道的建設已成為大健康產業的重要落腳點之一，是森林環境促進人群健康的基石，是發展「休閒經濟」的需要，具有重要的時代意義和建設價值。森林康養步道維護了人與自然的和諧美好關係，拉近了這些具有代表性的景觀和民眾的距離，讓遊客們有機會走入自然、欣賞自然，繼而熱愛自然、保護自然，最大限度地為子孫後代留下原真的自然遺產、寶貴的生態財富，為社會的可持續發展預留出彈性的綠色空間。

　　本書試圖通過對目前國內外冗雜的森林康養及森林步道相關設計理論進行系統性梳理與歸類，解決康養旅遊相關產業規劃設計建設的指導理論欠缺問題；著重研究作為森林公園遊覽體系要素之一的步道設計及其實踐應用，從森林步道設計所涉及的各個層面進行深入剖析，並提出相應規劃設計策略。

編者

目　錄

Part 1　森林康養與森林康養步道 / 1

1.1　森林康養 / 1

　　1.1.1　森林康養的概念 / 1

　　1.1.2　森林康養的緣起與發展 / 1

　　1.1.3　森林康養的研究進展 / 9

1.2　森林步道 / 18

　　1.2.1　森林步道的概念 / 18

　　1.2.2　森林步道的緣起與發展 / 19

　　1.2.3　森林步道的研究進展 / 21

1.3　森林康養步道 / 25

　　1.3.1　森林康養步道相關概念界定 / 25

　　1.3.2　森林康養步道概念界定 / 27

1.4　小結 / 28

Part 2　森林康養步道功能與類型／29

2.1　森林康養步道的功能與審美／29

2.1.1　森林康養步道的功能／30

2.1.2　森林康養步道的審美／32

2.2　森林康養步道的分類／35

2.2.1　森林康養步道的使用功能分類／36

2.2.2　森林康養步道的海拔高度分類／37

2.2.3　森林康養步道的路程與時間分類／38

2.2.4　森林康養步道的登山難度分級／38

Part 3　森林康養步道規劃／40

3.1　森林康養步道規劃目標／40

3.1.1　地標層面／40

3.1.2　生態層面／40

3.1.3　空間層面／41

3.1.4　體驗層面／41

3.2　森林康養步道規劃原則／41

3.2.1　生態優先原則／41

3.2.2　以人為本原則／42

3.2.3　地域文化原則／42

3.2.4　因地制宜原則／42

3.2.5　景觀美學原則 / 42

3.3　森林康養步道規劃的影響因素 / 43

3.3.1　自然環境因素 / 43

3.3.2　地域文化因素 / 44

3.3.3　行為心理因素 / 44

3.3.4　遊憩動機因素 / 45

3.3.5　景點分佈因素 / 46

3.4　森林康養步道整體佈局策略 / 46

3.4.1　優化自然空間，凸顯山水風貌 / 46

3.4.2　引導綠色出行，優化交通結構 / 49

3.4.3　延續自然文脈，展示地域文化 / 50

3.5　森林康養步道產品規劃思路 / 50

3.5.1　立足市場、綜合開發 / 50

3.5.2　依託環境、立意文化 / 51

3.6　小結 / 51

Part 4　森林康養步道設計 / 52

4.1　森林康養步道設計目標 / 52

4.1.1　安全性與舒適性 / 52

4.1.2　自然性與合理性 / 53

4.1.3　特色性與美觀性 / 53

4.2 森林康養步道設計原則 / 53

    4.2.1 以人為本原則 / 53

    4.2.2 自然舒適原則 / 54

    4.2.3 空間韻律原則 / 54

    4.2.4 創新高效原則 / 55

4.3 森林康養步道設計元素 / 55

4.4 森林康養步道設計要點 / 57

    4.4.1 森林康養步道線形設計 / 57

    4.4.2 森林康養步道臺階設計 / 59

    4.4.3 森林康養步道坡度設計 / 60

    4.4.4 森林康養步道長度設計 / 63

    4.4.5 森林康養步道寬度設計 / 63

    4.4.6 森林康養步道鋪裝材料與形式設計 / 63

    4.4.7 森林康養步道植物配置設計 / 66

    4.4.8 森林康養步道附屬設施設計 / 68

    4.4.9 森林康養步道產品設計 / 70

4.5 小結 / 70

Part 5 森林康養步道案例解讀 / 72

5.1 溫嶺森林康養步道 / 72

5.2 福州森林康養步道 / 73

5.3　武夷山國家森林步道 / 74

5.4　奧多摩森林康養步道 / 75

5.5　玉屏山森林康養步道 / 75

5.6　鬼谷嶺森林公園步道 / 76

　　5.6.1　鬼谷嶺森林公園步道整體佈局設計 / 76

　　5.6.2　鬼谷嶺森林公園步道詳細設計 / 77

Part 6　實踐探索：森林康養步道規劃設計 / 80

6.1　石城山森林公園康養步道概念規劃 / 80

　　6.1.1　項目背景 / 80

　　6.1.2　基礎研究 / 88

　　6.1.3　目標定位 / 92

　　6.1.4　項目策劃 / 95

　　6.1.5　總體規劃 / 96

　　6.1.6　道路系統規劃設計 / 98

6.2　蜀南竹海大熊貓苑康養步道規劃設計 / 105

　　6.2.1　項目背景 / 106

　　6.2.2　基礎研究 / 108

　　6.2.3　目標定位 / 112

　　6.2.4　規劃方案 / 114

　　6.2.5　步道設計分析 / 116

  6.2.6　步道細節設計 / 117

  6.2.7　步道附屬設施專項設計 / 119

6.3　瀘州市康養步道系統規劃 / 122

  6.3.1　區位條件 / 122

  6.3.2　總體規劃 / 123

  6.3.3　建設規劃 / 134

6.4　寶蓮街康養步道詳細設計 / 143

  6.4.1　設計概況 / 143

  6.4.2　設計理念 / 146

  6.4.3　活動策劃 / 147

  6.4.4　設計方案 / 147

6.5　玉帶河康養步道詳細設計 / 157

  6.5.1　設計概況 / 157

  6.5.2　設計理念 / 158

  6.5.3　活動策劃 / 158

  6.5.4　設計方案 / 158

參考文獻 / 170

後記 / 177

Part 1　森林康養與森林康養步道

1.1　森林康養

1.1.1　森林康養的概念

在國內，森林康養是指以森林對人體的特殊功效為基礎，以傳統中醫學與森林醫學原理為理論支撐，以森林景觀、森林環境、森林食品及生態文化等為主要資源和依託，開展的以修身養性、調適機能、養顏健體、養生養老等為目的的康體活動，包括森林浴、森林休閒、森林度假等。

在國外，森林康養被稱為「森林醫療」或「森林療養」。它起源於德國，流行於美國、日本與韓國等發達國家。森林被譽為世界上沒有被人類文明所污染與破壞的最後原生態，也是人類唯一不用人工醫療手段可以進行一定自我康復的「天然醫院」。

1.1.2　森林康養的緣起與發展

1.1.2.1　森林康養的緣起

自 19 世紀中葉首次提出森林康養概念以來，在世界範圍內

掀起了一股森林康養潮流並持續至今。森林康養以自然生態環境、生態文化以及森林景觀等為主要資源和依託，並配備有相應的休閒及醫療設施，是一種能夠修養身心、延緩衰老、調試機能的森林休閒活動。伴隨著植物芳香原理等研究成果的問世，森林療法、地形療法、氣候療法等一系列保健療法也應運而生。於是，人們熱切地湧向森林，在歐洲率先掀起了森林養生的浪潮，並逐步向世界各地擴散蔓延。

20世紀以來，隨著人們對於森林康養概念認知的不斷加深，森林康養已發展為以優質森林資源為依託、將醫學和養生學有機結合的創新型康養產業。其中涉及森林環境的培育、森林旅遊、森林養生、森林康復保健、森林產品研發和新興健康產業等，關聯的上下游產業眾多，不僅能帶動當地餐飲住宿、旅遊服務和交通業等第三產業的發展，還催生出對康養師、理療師、心理師、康養導遊等職業的市場需求，可謂發展潛力巨大。

由森林康養衍生出的生態旅遊已成為世界旅遊業的一個發展方向，當前世界各地都在興建生態公園、生態觀光區等旅遊景點。在這些公園景點的規劃設計和建設中，注重遊客的情感和體驗，已成為設計師們的主導思想。近年來，醫學界一致認為引起現代人城市病和亞健康的元兇是壓迫感，而森林是釋放壓迫感的最佳場所。森林植物具有提高人體適應性、免疫力等作用。森林康養正是利用森林環境的這種作用，對患有慢性疾病的遊客起到了良好的治療和康復作用，因其經濟適用、利於推廣、適應廣泛等優點，為療養醫學及康復事業增添了新的方法和手段。一個優質的森林環境應該擁有以下八個重要的衡量維度，這些環境因子的存在和品質決定了森林康養的療效，如表1-1所示。

表 1-1　森林康養療效的八個重要衡量維度

要素	標準
溫度	人體最適宜的溫度為 18~24℃。
濕度	人體最適宜的健康濕度在 45%~65%RH，這時人體感覺到更多的舒適和放鬆，且此環境更有利於人體健康
優產度	主要指某地區農產品等地方作物的品質優劣程度，綠色自然、有機生態的農產品占農產品總量的比重是衡量該地區優產度高低的一個重要指標
潔淨度	一般用空氣潔淨度和環境噪聲強度來衡量。當 PM2.5 值低於 35μg/m³ 時，空氣潔淨度為優。當噪聲達到 100dB 時，會讓人感到刺耳、難受，甚至引起暫時性耳聾；當噪聲超過 140dB 時，會引起視覺模糊，且呼吸、脈搏、血壓等指標都會受到影響
綠化度	一般用森林覆蓋率來衡量一個地區的綠化程度。森林覆蓋率與空氣負氧離子的濃度呈正相關，即森林覆蓋率越高，負氧離子濃度越高。有些森林樹木還可以釋放促進人體健康的物質
負氧度	指空氣中負氧離子的含量濃度。一般森林空氣中的負氧離子高達 700~3000 個單位。負氧離子有利於哮喘、支氣管炎、高血壓、冠心病等慢性疾病的康復，還有益於美容養顏
精氣度	指森林中存在的植物精氣狀況。植物精氣是植物釋放的以芳香性碳水化合物萜烯為主的氣態有機物
海拔高度	根據相關生理衛生實驗研究，最適合人類生存的海拔高度是 800~2500m。世界著名的長壽地區的海拔高度大都接近 1500m

1.1.2.2　森林康養的發展歷程

在國外，森林康養的產生和發展主要經歷三個階段。森林康養一詞最初是從「森林浴」發展而來的。第一階段始於 20 世紀 40 年代，德國創立了世界上第一個森林浴基地，由此形成了最初的森林康養概念。「森林浴」起源於德國的「氣候療法」

「地形療法」和「自然健康療法」。現在，德國已建立了350處森林療養基地，並將國家公費醫療範疇擴大到已獲得認證的森林療養基地。第二階段始於1982年，亞洲的日本和韓國將森林浴納入健康的生活方式，建設了自然療養林。第三階段是2000年以後，在歐美各國森林康養也逐漸興起，並在全世界得到了蓬勃發展。國外森林康養發展的三個階段如表1-2所示。

表1-2　國外森林康養發展的三個階段

階段	時間	代表國家	主要內容
第一階段	20世紀40年代至1980年以前	德國、美國	德國：最早開始森林康養實踐的國家。19世紀40年代，德國創立了世界上第一個森林浴基地，形成了最初的森林康養概念 美國：最早開展森林療養條件研究的國家
第二階段	20世紀80年代至2000年	日本、韓國	日本：1982年，日本林野廳首次提出將森林浴納入健康的生活方式，並舉行了第一次森林浴大會。1983年，林野廳發起了「入森林、浴精氣、鍛煉身心」的建設活動 韓國：1982年開始提出建設自然療養林。1988年，韓國確定了4個自然養生林建設基地。1995年，將森林解說引進到自然養生林，啟動森林利用與人體健康效應研究

表1-2(續)

階段	時間	代表國家	主要內容
第三階段	2000年以後	在全世界範圍蓬勃發展	歐盟：2004—2008年發起了森林、林木及人類健康與福祉的研究 日本：2004年森林養生學會成立，2007年日本森林醫學研究會成立。建立了世界上首個森林養生基地認證體系 韓國：營建了158處自然休養林、173處森林浴場，修建了4處森林療養基地和1148千米林道，也有較為完善的森林療養基地標準和森林療養服務人員資格認證、培訓體系 德國：迄今為止，已建立350處森林療養基地，公民到森林公園體驗活動的花費已被納入國家公費醫療範疇

　　隨著時間的推移，森林康養已儼然成為一種國際潮流，廣泛流行於美國、日本與韓國等發達國家。森林在國外被譽為世界上沒有被人類文明所污染與破壞的最後原生態資源，也是人類唯一不用人工醫療手段就可以進行一定自我康復的「天然醫院」。研究發現，人們通過短期的森林徒步旅行，可以有效提高人體免疫功能，加快代謝活動，增強抗癌機能，預防慢性疾病；同時此類活動還具有調節心理和舒緩神經的作用，使人產生愉悅與放鬆感。森林康養的發展起源於當前人類健康的失控。在國外，部分國家已將森林康養納入公務員公費醫療與福利的休假體系，每個公務員每年均有一到兩次機會帶薪到各地森林去享受醫療與度假。

放眼國內，臺灣是最早開始森林浴的地區。20世紀80年代以後，國內的北京、浙江、廣東肇慶等地也逐步開始興建各種森林浴場所，如紅螺鬆林浴園、森林康復醫院、品氧谷等。但是，公眾對森林康養功效的認知還只停留在以滿足感官體驗為主要形式的遊玩賞樂的初級階段。2010年以後，北京、黑龍江、浙江、甘肅、河南、四川、湖南、福建等地才正式開始就森林康養展開一系列研究與建設。2012年，湖南林業森林康養中心建立，這是中國第一個森林康養基地。隨後中國各地多次舉行森林康養研究會，並成立森林康養研究中心。中國森林康養發展歷程如表1-3所示。

表1-3　中國森林康養主要發展歷程

時間	事件
2012年	湖南省建立了全國第一個由政府、企業、醫療機構合作打造的森林康養基地——湖南林業森林康養中心
2015年	四川省林業廳啟動了首批十處森林康養基地建設，計劃到2020年，建設200處森林康養基地。對網路評選出的十個「最佳森林康養目的地」和十個「最具潛力的森林康養目的地」進行了授牌。另外，森林康養基地建設標準正在研發制定中
2016年4月7日	湖南省林業廳與北大未名集團在長沙簽署戰略合作框架協議，聯手建設國際知名的森林康養產業基地
2016年5月13日	綿陽市森林康養協會成立大會召開，該協會是全國首個地級市森林康養協會
2016年6月	湖南省森林康養發展規劃座談會召開，湖南林業將加大推進森林康養產業發展力度，爭取到2020年，湖南省建設森林康養基地100個，年吸聚康養人群1000萬人次，培育2家以上年營業額超過10萬億元的國內一流的森林康養企業集團，打造湖南林業新業態

表1-3(續)

時間	事件
2016年6月23日	中國林科院與溫州、樂清聯合共建「中國林科院溫州森林康養研究中心」，該中心是中國首個以森林康養為主題的專業性研究機構
2017年12月1日	中國生態養老發展高峰論壇在中國國際展覽中心舉行，論壇由中國林業與環境促進會、中國健康養老產業聯盟、北京怡年老齡產業促進中心主辦。論壇邀請到國家林業局森林公園辦公室調研員武立磊，做「森林康養發展和政策」主題演講
2017年12月1日	2018中國生態康養與老年旅遊博覽會在中國展覽中心舉辦。會議提出實施「健康中國」戰略，發展健康產業，加快老齡事業和產業發展，為康養產業發展繪就了宏偉藍圖、指出了明確方向。展會聚焦高端服務、養生養老、森林康養、民族健康等康養產業鏈的發展，打造集「醫康養」和「文商旅居」產業功能於一體的康養展示、交流、貿易平臺

2018年是全面貫徹黨的十九大精神的開局之年，也是實施「十三五」規劃承上啓下的關鍵之年。在2018年兩會上，習近平六下團組，用三種「色彩」生動形象地描繪了新時代。總書記提出，環境就是民生，青山就是美麗，藍天也是幸福。保護生態環境，推動綠色發展，功在當代，利在千秋。近幾年來，在綠色發展理念指引下，一幅綠意盎然的中國夢畫卷徐徐展開，其中就有國家林業局2017年開始實施的國家森林步道建設。這種建設有利於生態文明發展，也有助於生態教育、遺產保護、文化傳承、休閒服務、經濟增長等諸多使命的實現。

1.1.2.3　森林康養的途徑與方式

森林康養是中國大健康產業背景下的新業態、新模式。它是以森林資源開發為主要內容，融入旅遊、休閒、醫療、度假、娛樂、運動、養生、養老等健康服務新理念，形成一個多元組合、產業共融、業態相生的商業綜合體。與森林康養有關的第

三產業發展，不僅符合習總書記關於推進全面經濟改革，優化產業結構，培育新業態、新商業模式的重要講話精神，而且是擴大內需、增加就業、拉動經濟的一個新的重要增長點。

如圖1-4所示，森林康養促進人身心健康的改善主要通過三個途徑。

表1-4　森林康養的主要途徑

途徑	適應症	適用性	作用因素
森林—生理	主要輔助治療生理疾病，如慢性閉塞性肺炎、哮喘、消化性潰瘍、過敏性腸炎、癌症	個體差異小	五感的舒適性（視、聽、觸、嗅、味）
森林—心理	主要輔助治療心理疾病，如強迫症、不安症、更年期障礙、酒精依賴症、驚悸、攝食障礙等	個體差異大	五感的舒適性（視、聽、觸、嗅、味）
森林—心理—生理	主要輔助治療與壓力有關的疾病，如肥胖、高血壓、糖尿病、高血脂、冠心病、心肌梗死等	個體差異大	五感的舒適性（視、聽、觸、嗅、味）

近幾年，森林康養朝著優質森林資源與醫學有機結合的方向發展，並隨之而來開展森林康復、療養、養生、休閒等一系列有益人類身心健康的活動。如表1-5所示，森林康養的主要方式主要有景觀的欣賞、森林環境的體驗和遊憩、森林文化的熏陶和森林食材的食用等方面。

表1-5　森林康養的主要方式

方式	作用
景觀的欣賞	利用優美的各類的植被景觀，向遊客提供觀賞資源，激發遊客積極的心態，達到愉悅心情、修身養性的目的

表1-5(續)

方式	作用
森林環境的體驗和遊憩	通過森林環境中的負離子、植物精氣等養生因子，使遊客達到身心放鬆、康體保健的功效
森林文化的熏陶	遊客通過對林區自然民俗、宗教或歷史文化等的接觸和理解，達到拓寬視野、陶冶情操的效果
森林食材的食用	通過提供生態、安全、營養的森林食品，並引導改善飲食結構與習慣，滿足遊客健康飲食的需求，促進人體健康

1.1.3 森林康養的研究進展

1.1.3.1 森林康養的國外研究

工業革命後，由於「文明病」和「慢性病」患者的逐漸增加，德國、日本、韓國等國家率先意識到引導人們走進森林、親近自然對人類身心健康與可持續發展的益處。目前，國外對於森林康養的研究主要集中於森林康養健康效應的實證研究、森林康養基地建設與認證研究、森林康養法律與政策研究。

①森林康養健康效應的實證研究

關於森林康養對人類健康的正向效應，國外康養學者與醫學專家早已通過一些實證研究進行了初步證實。早些年間，Hawkins L H 與 Barker T（1978）兩位專家在關於空氣離子對人體作用的研究中指出山區、森林及溫泉中高含量的負離子能讓人們心情舒暢。隨後，Ewert（1986）通過分析森林利用方面的實證研究，將森林的功效劃分心理、社會、教育、物理及內部功效等若干類別；與此同時，他還專注研究森林體驗活動對個人的影響。Kasetani（2009）等人進行了受試者在森林區與市區的自主神經活動生理指標變化的對比試驗，結果表明森林活動能夠有效放鬆身心。Kawada T（2011）證實了在森林中行走可

以顯著降低男性和女性尿中應激激素、腎上腺素和去甲腎上腺素的水準及唾液中皮質醇的濃度，產生放鬆身心的效果。Lee J（2011）等在東京選擇健康男性上班族進行研究，對比了他們在森林浴前後的睡眠時間和日常體力活動的水準變化，得出了森林浴對人體睡眠和日常體力活動有益的結論。Ohtsuka Y（1998）等人研究了森林浴和森林行走對非胰島素依賴型糖尿病患者血糖水準的影響，結果表明在森林環境中行走能顯著降低血糖水準。Li Q（2010）通過對參加三天兩夜森林浴或一日遊受試者的血液和尿液等生理指標進行測量，發現短期的森林浴可以顯著增加 NK 細胞活性和數目，有效降低癌症發病率，且對癌症的產生與發展具有預防作用。

國外學者對森林康養健康效應的實證研究，主要圍繞森林環境對人體生理和心理、對人體免疫系統和內分泌系統等的影響展開。森林環境對人體生理的放鬆作用的研究，一般採用現場測試，測試的指標主要包括血壓、脈搏率、心率變異性、唾液皮質醇等。森林環境對心理的影響，一般採用語言差異法（SD 法）和情緒量化表（POMS）的問卷調查法來進行評估。森林環境對人體免疫功能影響的研究，主要通過採集受試者的血液和尿液樣本，對其血液中自然殺傷細胞活性、數量和細胞內粒溶素、穿孔素、顆粒酶以及尿中腎上腺素濃度等指標進行測量和分析來實現。最後，森林環境對人體內分泌系統的影響，主要通過測定尿中腎上腺素和去甲腎上腺素濃度，唾液中皮質醇水準以及血清中皮質醇、胰島素水準等等進行評價。

②森林康養基地建設與認證研究

21 世紀以來，各國政府、相關機構及企業為了更為科學地開發和利用森林康養，積極推進森林康養基地的建設與認證工作。日本森林康養基地的建設始於 2004 年日本林野廳發表的《森林療法基地構想》。2008 年，非營利性組織森林療法協會成

立。該協會主要致力於森林浴基地和森林療法步道的認證，森林療法的普及、宣傳活動，人才培養和制度構建。2012年韓國山林廳發布了自然休養林可行性評估調查要求，並編製了調查報告書。該報告書要求從景觀、位置、面積、水系、休養誘因、開發條件六個方面對自然休養林進行詳盡而嚴格的評估。與此同時，專家學者們也積極參與森林康養基地的規劃設計，如Mitani Toru等以奧多摩森林療法基地森林療法之路的規劃設計項目為例，探討了如何充分利用自然原始條件，構建可供人們進行康復治療的人工林區。在丹麥，人們對於森林的醫療保健作用的認識與日俱增，近幾年來已有多個森林醫療花園建成並投入使用。在哥本哈根大學，一個由景觀設計師、醫生、自然療法師及心理師組成的研究團隊，在納卡蒂亞森林醫療花園的規劃設計項目中，通過對森林環境中的自然療法因子與人類行為聯繫的分析，提出四個迥然不同的環境體驗的療法層次，並根據各療法層次對森林醫療花園使用面積的需求進行康復設施的規劃設計。日本、韓國、丹麥等國都按照一定的標準對本國的森林康養基地進行了評估與認證，學者們也根據不同森林地的特點對康養基地進行了規劃設計，使得森林康養基地建設朝著規範化方面發展。

③森林康養法律與政策研究

為了加強森林保健資源的高效開發、合理利用和養護管理，為國民提供舒適、安全的森林保健服務，為國家開闢可持續發展的森林康養道路，有關法律保護和政策支持顯得尤為重要。1985年日本制定了《關於增進森林保健功能的特別措施法》（以下稱《特別措施法》），並於1995年、1996年、1998年、2000年進行過多次修訂，最近一次修訂是在2014年。《特別措施法》主要用於「規制」政府工作。從技術層面上看，該法律明確了農林水產省負責制定基本方針，包括康養森林基地的選

擇、開發和保護，以及不同行業主管部門之間的協調平衡等內容。隨著森林保健事業的發展，2005 年韓國出抬了《森林文化・休養法》，並對該法律進行過多次修訂。《森林文化・休養法》不僅規定了韓國國家和地方政府各自應承擔的職責，還規定了該法律應包含的內容、基礎調查的開展、管理網站的營運、森林保健資源的保護等內容。與此同時，該法律允許經營者徵收入場費和設施使用費，這為後期森林的經營提供了法律保障。2015 年韓國國會又批准了《森林福利促進法》，通過建立森林幼兒園、森林營地及森林療愈基地等措施，來具體實施「森林福利」。但總體來看，森林康養的行業法規、市場准入制度、森林康養企業考核制度等相關法律問題與政策研究仍然欠缺，希望在日後的理論探究和實踐發展中進行完善與創新。

1.1.3.2 森林康養的國內研究

近些年，「森林康養」的理念逐漸進入中國公眾的視野，並引起各大研究機構和學者的廣泛關注。特別是在當前中國經濟轉型升級的新常態下，森林康養產業具有巨大的市場潛力和商業價值。為了給森林康養產業的發展提供更多的理論與科學依據，國內學者在吸收國外的先進技術和研究成果的同時，也積極開展森林康養健康效應的實證研究，從而為森林康養基地的建設與認證提供了更準確的理論支撐和保障。

①森林康養健康效應的實證研究

目前，國內有關森林康養效果的實證研究較少，通過文獻查閱可瞭解到，周政等人對森林浴對幾項生理指標的影響進行研究，發現森林浴是具有醫療保健價值的自然療養康復手段。1998 年李朝暉等將森林浴應用於精神分裂症的治療。臨床觀察表明，森林浴對各種精神分裂症患者的治療均有一定效果。王付國等開展的一系列關於森林浴的人體實證研究證明，森林浴能在一定程度上改善老年人的高血壓症狀，對老年慢性阻塞性

肺疾病（COPD）患者的健康有良好的促進作用。李博與聶欣進行了森林浴對軍事飛行員療養期間睡眠質量影響的調查分析，結果表明，森林浴對飛行人員睡眠質量提高的效果確切且優於常規療養。此外，浙江醫院2012年在浙江省林業廳的支持下，在遂昌進行了「森林浴健康、服務於人類」的科學研究。該研究分析了森林樹種對人體健康狀態的保護作用以及對慢性病、多發病的治療作用，提供了森林環境對人體健康有益的科學依據。

中國研究者們通過對比試驗、臨床觀察等方法，論證了森林康養相關活動對於神經系統、心血管系統的健康效應及對於慢性病的治療效果。但較之國外的研究，中國在此方面的研究稍顯稚嫩，無論是研究內容、評價指標還是實驗方法方面都還停留在表面。

②森林康養基地建設與認證研究

中國自20世紀80年代引進森林浴之後，開始逐步探索森林浴基地的規劃與開發。金永仁認為森林氧吧是進行森林健康養生活動的最佳場地，並以千島湖養生基地為例，對規劃森林氧吧所需的條件與注意事項提出了建設性的建議；彭萬臣指出在開發森林浴場、森林休療所時應加強對場地的生態管理，避免對當地的生態環境造成破壞。

2015年，國家林業發展「十三五」規劃的推出及首屆森林康養年會的圓滿落幕，使得森林康養更加備受關注。同年12月，中國林業產業聯合會印發了《中國林業產業聯合會關於啓動森林康養基地建設試點項目的通知》，標誌著由林業主管部門推動的首批森林康養基地試點建設工作的正式啓動。在森林康養領域一直走在全國前列的四川省，於2017年3月12日發布《四川省森林康養基地評定辦法（試行）》，該評定辦法從資源條件、交通條件、環境條件、基礎設施條件等幾個方面規定了

建設森林康養基地的相關要求，並按照標準對森林康養基地進行統一的審查和評選，使得森林康養基地建設朝著規範化方向發展。基於目前國內森林康養發展熱潮，譚益民從療法因子與康養基地之間的關係這一角度，探究了森林康養基地的規劃與設計，提出中國在森林康養基地建設中應注意加強基地規劃設計方法與設計體系的研究。劉朝望等在介紹森林康養的基礎上，構建了森林康養基地建設適宜性的評價指標體系，提出了評價方法以及等級評定標準，從而為判斷建設地塊是否具有建設森林康養基地的價值提供了依據。

③森林康養法律問題與政策研究

2010年以來，中國北京、黑龍江、浙江、甘肅、河南、四川、湖南、福建等地相繼開展了一系列森林康養建設與研究。為了加強森林資源的合理開發和養護管理，為森林康養的可持續發展提供保障與支持，中國隨即也出抬了許多與森林康養相關的法律與政策。2016年以來，國家和各地地方政府舉辦研討會，成立研究中心，出抬政策意見，積極推動森林康養產業發展。

如表1-6所示，筆者對中國森林康養相關政策進行了梳理。

表1-6　森林康養相關政策

政策文件	發布時間	發布部門	政策內容
《國務院關於促進健康服務業發展的若干意見》	2013.9.28	國務院	文件提出，鼓勵有條件的地區面向國際國內市場，整合當地優勢醫療資源、中醫藥等特色養生保健資源、綠色生態旅遊資源，發展養生、體育和醫療健康旅遊

表1-6(續)

政策文件	發布時間	發布部門	政策內容
《關於大力推進森林體驗和森林養生發展的通知》	2016.1.7	國家林業局	文件提出，有條件的森林公園、濕地公園、林業系統自然保護區以及其他類型森林旅遊地，要把發展森林體驗和森林養生納入總體規劃，大力加強硬件、軟件建設，積極打造高質量的森林體驗和森林養生產品
《關於啟動全國森林體驗基地和全國森林養生基地建設試點的通知》	2016.2.26	國家林業局森林旅遊工作領導小組辦公室	文件提出，把發展森林體驗和森林養生作為森林旅遊行業管理的重要內容，要結合各地實際，統籌謀劃，積極推進，以抓好、抓實森林體驗和森林養生基地建設為切入點，充分汲取國內外相關領域的發展理念和成功經驗，努力提高建設檔次和服務水準，不斷滿足大眾對森林體驗和森林養生的多樣化需求

表1-6(續)

政策文件	發布時間	發布部門	政策內容
《中國生態文化發展綱要（2016—2020年）》	2016.4.7	國家林業局	文件提出，中國將在2020年實現建立4300多個森林公園、濕地公園、沙漠公園和2189處林業自然保護區，森林旅遊和林業休閒服務業年產值達到5965億元；森林文化、生態旅遊、休閒養生等生態文化產業正在成為最具發展潛力的就業空間和普惠民生的新興產業
《林業發展「十三五」規劃》	2016.5.6	國家林業局	文件提出，要大力推進森林體驗和森林康養，發展集旅遊、醫療、康養、教育、文化、扶貧於一體的林業綜合服務業，重點發展森林旅遊與森林休閒康養產業
《巴中市加快森林康養產業發展的意見》	2016.5.9	巴中市委、市政府	這是全國森林康養產業推進的首個市級意見。文件明確，到2020年，建成5個國家級、省級森林康養基地，10個市級森林康養基地，100個縣（區）級森林康養精品點，建立森林康養標準化體系；到2050年，把巴中打造成中國最佳森林康養目的地

表1-6(續)

政策文件	發布時間	發布部門	政策內容
《四川省林業廳關於大力推進森林康養產業發展的意見》	2016.5.26	四川省林業廳	文件提出，到2020年，全省要建設森林康養林1000萬畝（1畝=666.67平方米）、森林康養步道2000千米、森林康養基地200處，把四川基本建成國內外聞名的森林康養目的地和全國森林康養產業大省
《國家林業局辦公室關於開展森林特色小鎮建設試點工作的通知》	2017.7.4	國家林業局	選擇首批30個左右森林特色小鎮作為國家建設試點，完善基礎設施。建設水、電、路、訊、生態環境監測等基礎設施和森林步道等相應的觀光遊覽、休閒養生服務設施，為開展遊憩、度假、療養、保健、養老等休閒養生服務提供保障，不斷提升小鎮公共服務能力、水準和質量

綜觀全國，森林康養目前處於摸索、嘗試階段，加上其業態新、政策依賴性強、產業融合度高、受社會發展程度和經濟發展水準影響大，存在規劃滯後、服務設施少、政策支持和要素保障不足、社會資本投入不多等突出問題，目前尚處於初級發展階段，還沒有大面積開展。目前，已建設的森林康養基地的主要保健活動也還停留在以滿足感官體驗為主要形式的階段，業態也沒有全面展開。森林康養產業還沒有形成相應的規模與經濟效應，處於產業的萌芽期。因此，森林康養未來發展模式

和走向還值得每一位森林康養學者深入思考與不懈探索。

1.2　森林步道

1.2.1　森林步道的概念

森林步道是森林公園的重要組成部分，當前國內外專家學者也曾對其概念做出過相關定義。雖然大家在「森林步道」這一定義上觀點不一，但通過大量的文獻查閱和資料整理，我們歸納出主要有以下幾種定義：

美國將步道稱為「trail」，將其定義為區別於「road」（公路）的另一種交通通行方式。美國是世界上最先提出步道概念的國家，且具有最成熟的步道規劃建設經驗。按照美國的定義，森林步道是指用於步行、騎自行車、騎馬或其他形式的娛樂和運輸通道。美國國家公園管理局所設立的標準步行道分為：主要步道、次要步道、原野步道、步行道，其他如雪車道、水道、滑雪道等。

按照中國農林專家蘭思仁在其著作《國家森林公園理論與實踐》中的定義，森林步道是連接森林公園各景區之間的步行線，是供遊覽者在景區內遊覽以欣賞自然美景和人文景觀的通道，通常是特指具有遊覽功能的步道，即森林通往各功能分區、景點、景物供遊客步行遊覽觀光的步道，包括原始的小路及人工特意修建的步行道、棧道、簡易型棧橋步道。它既是路，也是景，不僅是組織景點、景物的紐帶，也是遊客視覺與身心體驗的實體和載體。森林步道呈現的線性景觀，對豐富公園景觀內容和表達歷史或者文化內涵起到了非常重要的作用。

通過對中國森林步道專家學者們提出的森林步道概念的整

理與歸納可知，森林步道也是森林公園的骨架和脈絡，森林步道是森林公園與外部公路之間的連接道路以及森林公園內的環形道，是指進入、環繞和穿越生態旅遊區的路徑。森林步道作為森林公園最重要的交通配套設施，具有佈局靈活、能引導遊客遊覽、增強遊客遊興等方面的優點。可以說，步道設計的成功與否在某種意義上決定著森林公園建設與發展的成功與否（圖1-1）。

圖1-1

1.2.2 森林步道的緣起與發展

1.2.2.1 森林步道的緣起

步道作為森林公園重要的硬件設施，是森林公園開展森林旅遊的重要紐帶，起著進行交通運輸、組織空間、引導遊覽等作用，在森林公園中的重要性不言而喻。由此，森林步道應運而生，與其相關的規劃設計研究也逐漸成為熱潮。森林步道不僅僅是森林公園的交通設施之一，也是森林公園布景，是引領公園景觀總體效果的重要景觀。

隨著國民休閒旅遊需求的增長，森林公園因其優美的自然

環境成為都市人進行休閒旅遊的首選之地。森林步道能夠放緩城市居民疾馳的腳步，進一步拉近人與自然之間的距離，讓人們遠離城市的喧囂，享受寧靜。由於森林公園的景點分佈在不同地段，存在不同的空間分佈形式（例如某些封閉度高的森林景觀、線路不明的林道、幽暗且深邃的環境等不被人喜愛，甚至部分遊覽者認為這些景觀會使他們產生安全方面的疑慮），因此森林步道這一串聯載體的合理規劃設計顯得尤為重要。

1.2.2.2 森林步道的發展歷程

在國外，森林步道被稱為「連接荒野與文明的紐帶」，建立步道是為了促進公眾保護、利用、享受和欣賞國家自然和歷史資源。森林步道建設在西方國家由來已久。美國是發展森林旅遊較早的國家，自從1872年黃石國家公園成立以來，美國國家公園的發展取得了世人矚目的成就，也開了現代人類森林旅遊的先河。為開發風景勝地的森林旅遊，1968年美國國會通過的《國家級小徑體系法》規定「國家風景小徑」兩旁應該有高質量的歷史遺產和自然風景，道路的定位原則必須滿足大多數人的野外旅遊。同時也規定「國家風景小徑」必須經過美國國會批准並在其內政部設計後方可建設，其建設資金來源於《水土保護基金條例》（LWCF）。1968年至今，經美國國會的多次批准，其國家旅遊道路系統已從當初的2條發展到800多條。國際上具有劃時代意義的森林步道是匈牙利的藍色步道和美國的阿巴拉契亞步道，它們於20世紀20年代末建成。英國官方設立的第一條也是最為重要的步道——「奔寧步道」於1965年建成。之後，英國又相繼設立了其他14條國家步道，步道總長度超過4000千米，英倫三島有長達4000千米的國家步道系統，由15條步道組成，是世界上維護得最好的國家步道系統。

中國自1982年在張家界建立第一個國家森林公園以來，森林公園建設發展十分迅速。據有關統計資料顯示：2006年，全

國林業總產值超過9000億元，其中森林旅遊綜合產值為1000億元。這些數據都表明在中國以森林公園為依託的森林旅遊事業得到了迅猛的發展，並呈現出美好的發展前景。而森林漫步觀景是最簡單、最安全、最經濟、最適宜於各年齡段的戶外休閒健身運動形式。森林步道是遊客進行一切森林旅遊活動的載體和基礎，是森林公園的重要景觀廊道系統，是連接遊客觀賞自然景觀和人文景觀的重要遊線通道。自2009年在浙江海寧修建了中國第一條森林步道後，廣東推出了珠三角綠道網、重慶推出了重慶健康綠道等。到2013年年底，中國共開發森林公園2948處，森林公園已經成為民眾旅遊休閒的重要目的地。實踐證明，以保護為主、旅遊為輔的模式來開發利用景觀資源，構建森林步道遊線系統，開展森林旅遊活動，既發揮了森林資源的生態、社會、經濟效益，又解決了傳統林業生態、社會和經濟效益相互矛盾的難題。

由森林步道的發展和建設，延伸出一個全新的概念——國家森林步道。基於對發展國家森林步道重要性、緊迫性的認識，國家林業局2015年初啟動了相關工作，著手國家森林步道發展的前期研究，於2017年9月評定了第一批國家森林步道，標誌著國家森林步道建設正式由前期準備階段進入實施階段。

1.2.3 森林步道的研究進展

1.2.3.1 森林步道的國外研究

①美國

首先美國對於森林步道設計的研究實踐開始較早，並形成了一定的研究成果。1966年，美國國家公園管理處做了一個步道研究評論，指出在美國城市化進程不斷加快的時候，交通的發展已經使大量鄉野小道的存在以及人們休閒散步的機會減少了，並且明確地指出在旅遊開發中步道的重要性。隨後，美國頒布了《美

國步道系統法案》，對各個自然風景區內部步道系統的建設進行了官方性質的規定。緊接著，美國國家公園管理處出版了有關步道設計方面的書面資料，涉及步道的工程設計標準與沿途景觀設計等多個方面。1996 年 10 月，美國農業部林務局頒布了文件——《遊步道建設和維護手冊》。文件重點分析了在自然公園中步道的規劃和設計問題，涉及步道設計中的多個基本要素，包括步道的基礎建設、環境作用、人為影響、地表水以及潮濕度控制、鋪裝標準等等，也為徒步者提供了許多便利之處。

其次，美國在步道系統研究方面也走在世界前列。美國內政部國家公園管理局（NPS）按設立的標準，將步道分為主要步道、次要步道、原野步道。美國國家公園的規劃設計都是嚴格按照國家公園的法案進行的，始終貫徹「保護優先」的原則。規劃要在滿足遊客基本服務的前提下，盡量減少公園內遊客服務設施的數量和分佈範圍，邊界內的必須設施要選擇在環境容量許可的地方，以貼近自然的方式提供給遊客，使構築物與自然環境相協調，並在可能的情況下，盡可能在公園邊界外提供服務設施。這些都表明美國在對森林旅遊區步道設計與建設的經驗上對步道系統的設計與建設的理論研究已經達到了一定的水準。

②尼泊爾

尼泊爾對自然資源的認識和保護也是逐步發展建立起來的。尼泊爾步道大多是長年累月行走自然形成的泥路或石板路，沒有太多的人工裝飾，因為人們認識到欣賞的是美麗的自然景觀和真實的民間生活。可以說尼泊爾這樣的建設對保護區最有好處，充分體現了生態、景觀很好的結合。

③澳大利亞

澳大利亞是世界上建立國家公園較早的國家之一。早在 1863 年，澳大利亞就在塔斯馬尼亞通過了第一個保護區法律。基於保存自然歷史遺產的認識，澳大利亞建立了國家公園制度。

1879年，澳大利亞將悉尼以南26千米的Hacking處的9600平方千米王室土地開闢為保護區域，建立了國家公園。這是世界上繼美國黃石國家公園之後的第二個國家公園。

④日本

日本的公園按其景觀起源分為營造物公園和自然公園兩種。1957年，日本制定並開始執行《自然公園法》。按《自然公園法》的要求，在公園計劃中，必須對自然公園內的利用設施，對包括道路和橋在內的11項內容做出十分詳盡的規定。日本在遊步道規劃方面有相當成功的經驗，特別是在步道的處理手法上能做到完善且內容豐富。此外，在其遊步道的資料裡，除了標有翔實精確的路線圖外，還明確標有步道坡度值、步道長度值、廁所的位置、休息平臺的位置等。這些翔實的資料充分說明日本在遊步道設計與建設方面的理論研究已經相當成熟，在處理環境保護和利用的關係方面累積了相當成功的經驗，這些經驗都是值得中國森林公園借鑑。

1.2.3.2　森林步道的國內研究

目前國內的森林步道研究屬於起步階段，研究方向也是緊跟國外的研究方向，基本分為步道的設計與規劃、步道對周圍環境的影響及相關環境容量分析、步道相關產品設計以及相關標準三個方面。國內的研究成果主要集中在2004年以後，如表1-7所示。

表1-7　森林步道的國內研究

研究學者	年份	主要研究內容
黃成林	1991	對黃山風景區遊覽線路現狀、存在問題和遊客流向進行了分析
陳秀龍、章忠泉	1997	對森林景區的現有步道進行了綠化設計，使得步道更具有景觀美，對其他類型公園步道的設計起到了啟示作用

表1-7(續)

研究學者	年份	主要研究內容
楊鐵東	2004	通過對森林公園中步道設計實際案例的現狀和難點的調查分析，探索以人性化設計為手段的步道設計思路和手法
江海燕	2006	開始研究自然遊憩地步道系統
李泌	2006	對森林公園步道的設計研究，大部分以景區步道為對象
劉孺淵等	2006	臺灣地區也將建構步道系統作為發展生態旅遊的重要支撐項目之一
汪言盛、範興毅等	2008	通過對黃山風景區的步道勘察，總結出了步道設計的施工標準，這是在步道規劃與設計系統研究層次上的重大突破
月輝、周銳、馮秀等	2008	利用GIS視域分析功能，基於地形特徵對遼寧省猴石國家森林公園內可達景點、不可達景點和遊道的視域特徵進行分析
林繼卿、劉健、餘坤勇等	2010	利用GIS最佳路徑分析技術，通過四個定量因子對森林公園步道線路進行了選擇與確定
陳岩峰	2009	首次研究了旅遊廊道對旅遊地的影響，指出旅遊廊道對景區的雙重效應、通道作用和阻礙影響
朱忠芳	2010	通過文化視角對步道產品進行了分析，提出公園步道產品設計的思路，同時開拓了公園旅遊產品設計的思維範圍
黃文	2011	從資源景觀格局和產業組織發展的視角，在產品開發上分析和探討長度距離、內容組織及配套服務三方面的具體問題，提出了中國廊道旅遊的產品開發路徑方向

1.3　森林康養步道

1.3.1　森林康養步道相關概念界定

1.3.1.1　森林生態旅遊

生態旅遊概念於1983年首次由世界旅遊組織及世界自然保護聯盟提出後，在全球旅遊界引起強烈反響，被認為是全球旅遊產業未來發展的希望所在。森林旅遊是人們在人工或天然的森林生態環境裡從事的集知識性、參與性、觀光性和社會責任感於一體的旅遊活動，是國際上正在興起的一種有利於保護自然的新型旅遊業的主要形式。隨著生態旅遊產業體系的不斷發展和完善，逐漸衍生出獨具特色的森林生態旅遊。森林生態旅遊是一種正在迅速發展的新興的旅遊形式，也是當前旅遊界的一個熱門話題。它是指在被保護的森林生態系統內，以自然景觀為主體，融合區域內人文、社會景觀的郊野性旅遊，使旅遊者通過與自然的接近，達到瞭解自然、享受自然生態功能的目的，產生迴歸自然的願望，從而自覺保護自然、保護環境的一種科學、高雅、文明的旅遊方式。森林生態旅遊越來越為人們所關注，已成為世界旅遊業的重要組成部分和現代林業必不可少的內容。

1.3.1.2　森林公園

在國際上，森林公園的名稱多種多樣，森林公園可以概括為是一種受特殊保護的、以森林景觀為主體的生態型多功能的旅遊場所。由於森林公園在中國的起步較晚，至今仍屬於一個比較新的研究領域，因此在森林公園的定義上也存在一些不同。不同的學者從不同方面對森林公園的定義做了論述。綜合起來，

森林公園的定義要從資源（森林景觀、自然風光和人文景觀）的特徵、功能、價值和保護四個方面來界定才會比較嚴密、準確、系統和具有可操作性。因此，森林公園的定義可歸納為：森林公園是以良好的森林景觀為主體，以自然風光為依託，融自然景觀和人文景觀為一體，環境優美，動植物種類豐富，功能多樣，景點和景物相對集中，具有較高的美學、歷史文化、科學研究價值，有一定地域規模，經科學保護、合理經營和適度建設，並經各級林業主管部門批准建立的，可為人們提供旅遊觀光、休閒度假、消夏避暑、療養保健或進行科學、文化、教育活動的特定場所。

森林公園的建設不僅使森林旅遊業得到了快速的發展，同時也促使森林資源在利用方式上發生了根本的轉變，解決了長期困擾林業的發展方向問題，充分發揮了森林的三大效益。

1.3.1.3 國家森林步道

國家森林步道是由國家相關部門負責管理的步行廊道系統，步道穿越了生態系統完整性、原真性較好的自然區域，串聯起一系列重要的自然和文化點，為人們提供豐富的自然體驗機會。

國家森林步道起到了串聯森林公園、自然保護區、濕地公園、國家公園、風景名勝區、地質公園等自然遺產地和古村、古鎮等文化遺產地的作用。徒步者可沿自然小徑、古驛道欣賞具有代表性的自然美景。國家林業局要求，各地要充分認識國家森林步道建設的重要性，加快推進國家森林步道線路和節點建設，加快規劃和完善配套設施和服務，積極探索經營管理模式，努力發揮國家森林步道在建設生態文明、滿足公眾需求、促進區域發展中的巨大潛力。

1.3.1.4 綠道

廣義來講，綠道是指用來連接的各種線性開敞空間的總稱，包括社區自行車道、引導野生動物進行季節性遷移的栖息地走

廊、城市的濱水帶和遠離城市的溪岸樹蔭步道等。「綠道」這個術語首先是由 Whyte 提出的。他在 1959 年出版的專著 *Open Space for Urban America* 中，首次創造並使用了「綠道」。20 世紀六七十年代，綠道的概念逐漸迅速地發展起來，直到 1987 年才得到美國官方的承認。在此可以引用 Charles Little 的經典著作《美國的綠道》中下的定義：綠道就是沿著自然走廊如河濱、溪谷、山脊線等，或是沿著人工走廊，如用做遊憩活動的廢棄鐵路線、溝渠、風景道路等而建立的線性開敞空間，包括所有可供遊客和騎行者進入的自然景觀線路和人工景觀線路。換種說法，它是指綠地斑塊內部條狀或線性的綠帶或公園路。

1.3.2 森林康養步道概念界定

本書的研究對象是森林康養步道，通過以上森林康養步道相關概念的界定，結合森林康養和森林步道相關資料的歸納總結，可以對研究的森林康養步道加以界定。森林康養步道是以生態系統完整性、原真性較好的森林環境為依託，串聯起一系列豐富的自然與人文斑塊的重要景觀廊道系統，是人們親近與體驗自然環境的載體。

例如，在區域級尺度上，森林康養步道是連接自然風景區的國家森林步道、遠離城市的以徒步旅遊為主的具有遊憩功能的生態走廊。在森林環境與自然風景區中，森林康養步道是連接風景區域內部各個景觀節點的骨架和脈絡、具有觀賞遊覽功能的景觀步行廊道。在具體森林公園環境的步道遊線設計中，森林康養步道是景區構景的一部分，它取材自然，設計上因地制宜，與環境渾然天成，具有強烈的生態感、自然感和審美感，能帶給人舒適放鬆的享受。

1.4　小結

　　通過本章節上述內容的總結分析不難看出，國外對森林康養步道的研究與實踐已經達到一定深度與廣度，而國內相對來說還處於發展初期。為了保證中國森林康養產業能夠得到充分的長足發展，中國需要加大在森林康養步道研究方面的投入力度，並制定系統化的規劃設計原則，使之發揮最大的生態、社會、經濟效益。

　　在森林康養產業發展研究方面，中國還僅僅停留在定性描述分析階段，定量化研究較少，在發展模式方面缺乏科學的可行性分析；對於商業模式的探討也僅在假設的基礎上進行，沒有具體的市場調查分析。除此之外，森林康養步道內部的管理組織與管理體系尚待研究。因此，在森林康養步道的未來研究中應注重基於市場需求與現狀調查之上的森林康養步道發展與服務體系、森林康養步道產品開發與優化模式的探索等方面。在聚焦森林康養產業發展的同時，也要加強康養人才的培養，通過校企合作，攜手醫療機構開展高級人才培訓班，或以項目為載體來進行森林康養人才培養。此外，在對森林康養步道的使用和周邊環境影響進行評價與管理方面，還需要以法律、法規的形式體現對森林康養領域的重視，做到在產業繁榮發展的同時，避免過度開發導致的生態破壞與環境污染。

Part 2　森林康養步道功能與類型

　　森林康養步道是將森林公園景區內各景點聯結起來，滿足遊客遊覽、親近自然等需求的重要載體。所以，對於森林康養步道的功能與分類的研究，是未來能夠更好地進行森林康養項目活動以及發展旅遊產業的基礎。目前，國內外在道路景觀規劃設計、道路生態學影響、道路分類系統和道路景觀美學評價等方面已經有了非常廣泛和深入的研究，特別是在自然風光的欣賞、歷史文化遺產的保護和體現以及路域景觀的娛樂休憩功能方面，充分考慮到步道使用性能和沿線的美學處理，其中走在發展前列的國家有美國、澳大利亞、尼泊爾和日本等。遊客漫步在精心規劃設計和分類分級的森林康養步道上，能夠更好地感受森林的色彩、空氣等，更好地親近森林、接觸森林、體驗森林。

2.1　森林康養步道的功能與審美

　　森林康養步道是森林公園內重要的基礎設施之一，作為一種慢速交通路線可用於觀光、跑步、步行等一系靜態和動態的娛樂活動，兼具道路與景觀的功能。大部分的項目設置也是沿

步道的行進路線展開的，特定的區域可以通過特定的交通方式來實現，不同的步道會給遊客帶來不同的感受，也會讓遊客感知更多的景觀意象。

森林康養步道是遊客遊覽觀光的通道，同時其自身的蜿蜒曲折或跌宕起伏也會帶給遊客不同的視覺與遊憩體驗。從旅遊的角度來說，它使遊客能夠在森林公園內進行活動；從景觀空間來說，它是上接藍天、下連地勢，連續綿延、無盡無休，走向不定、起伏轉折的連貫性帶性空間；從時間角度而言，它又有季相、時相、位相和人的心理時空運動所形成的時間軸；從景觀生態的觀點來說，作為走廊的步道既將森林公園內的景點連接起來，又將公園分割成不同的部分，並且串聯各個重要景點，引導遊客遠離敏感地帶，確保其安全，保護自然資源。

2.1.1 森林康養步道的功能

在本質上，森林康養步道有別於傳統園林中的園路、城市公園中的遊步道，以及串聯各種開敞空間的綠道，具有更加明顯的特徵。通過文獻資料查閱和歸納整理，筆者總結出森林康養步道以下幾個方面的功能特徵。

2.1.1.1 交通遊覽功能

森林康養步道是典型的遊憩設施，為遊客提供一個舒適的既能遍遊全園又能根據個人的需要做選擇的交通路線，以便使遊客能夠順利完成在公園景區的旅遊計劃。如果沒有合理的步道遊覽系統，景觀的吸引力及發展潛力就會大大降低，因此步道最基本功能就是交通功能。

2.1.1.2 導覽景觀功能

遊客遊憩的主要目的是觀賞，如果把步道比做分佈於人體周身的一根根血管，那麼遊客就是血管內流動的血液。步道規定和引導著遊客的運動方向，引導著他們的有序流動。這種有

序活動同時也約束了遊客遊覽的隨意性，可以盡量減少遊客對旅遊資源的破壞，也保護了公園內各景區的生態環境。

2.1.1.3　空間分隔功能

在起到連接景點這一功能的同時，森林康養步道作為道路界線又起到劃分景點、使每個景觀空間各具特色的作用。

2.1.1.4　大眾遊憩功能

森林康養步道在滿足一般社會大眾的觀賞性、體驗性、生理性與社會性等基本遊憩需求的基礎上，可導入遊憩活動，包括健行、親近自然及賞景等一般性活動，就是其大眾遊憩功能。在此森林康養步道特指為遊客提供康體健身和具有挑戰功能的健身強體步道，健身步道是森林康養步道系統中的主體，是現代森林旅遊的主要方式。

2.1.1.5　生態景觀功能

步道作為一種生態走廊，其生態特性與其所在的其他景觀要素的生態特性有著很大的區別。因為其組成有獨特之處，物種上的獨特性增加了景觀中的物種多樣性，因而具有一定的資源功能。因此步道不僅能為人們創造優雅舒適的景觀環境，營造適宜遊覽的空間，同時其自身的景觀也可以滿足人們深層次的審美需求。

2.1.1.6　科普教育功能

科普教育步道的特色是自然度與敏感度稍高，而承載量低於大眾遊憩步道，故保護區、國土保安區的山林地，可發展科普教育體驗步道。而本區環境多具有獨特的自然、人文生態資源特色，也可作為生態觀光的推廣步道，以滿足有自然體驗及生態學習需求的遊客。但是，本類型步道的遊憩使用量應有所限制，以避免過大的使用量造成資源環境不可恢復，以及追求深度體驗的遊客因環境過度使用造成心理滿足感下降。在此步道特指以為遊客提供科普科教活動為主要功能的步道。科教步

道應設在動植物種類豐富、多種生態系統並存、古樹名木集中、地質地貌特殊而遊客又能方便到達的地區，如濕地、紅樹林等。

2.1.1.7 安全保護功能

森林康養步道串聯著森林公園景區內各重要景點，可以引導遊客沿著事先設計好的路線進行遊覽觀光，這樣就能使遊客避開存在危險的區域，避免可能發生的安全事故，起到引導遊客遠離敏感地帶、確保遊客安全與自然資源安全的作用，使遊客在森林公園景區內可以安心、舒心、快樂地遊覽、觀賞景區的景觀。

2.1.1.8 文化名片功能

森林康養步道是人類在自然界中留下的痕跡，它的設計充分結合當地歷史文化地域特色，體現著設計與建設者的意志和情感，體現著以人為本的理念和人性化的關懷，具有文化內涵和審美價值。因此，森林康養步道的設計與建設應結合每個森林環境的實際情況，在充分發揮功能作用的基礎上，進行合理的歷史文化品牌建設。

2.1.2 森林康養步道的審美

森林康養步道穿越典型森林區域和人文景觀區域，是長跨度、高品質的生態廊道，是具有生態美、自然美的線性景觀。一個佈局合理、建設良好、符合審美的森林康養步道不僅會提升森林公園的文化品位，也可為遊客創造舒適的旅遊環境。森林康養步道不僅能為人們創造優雅舒適的遊賞環境、營造適宜遊覽的空間，還在自然景觀與人文景觀的融合中體現著建設者的情感和意志，同時滿足遊客更深層次的審美需求。因此，森林康養步道在其設計上應符合以下審美需求。

2.1.2.1 地域審美

古村落和古驛道等承載著過往的地域物質文化遺存，對於

人們具有天然的吸引力，極大地吸引著徒步愛好者。森林康養步道的選線應該盡可能鄰近這些人文景觀區域以及著名歷史遺跡。通過優先利用原始自然道、人工林區道路、荒蕪森林道路，充分展現中國悠久的歷史人文和鮮明的傳統地域特色。

2.1.2.2 文化審美

步道擁有豐富的文化內涵。許多步道並非一次性開闢設計，而是歷經多次修整而日臻完善、逐步形成的，體現著建設者的意志和情感，體現著以人為本的理念和人性化的關懷。如步道上的亭臺樓閣等的適宜設計，不僅具有點景的功能，還營造了一個融情於景的空間。親身體驗、遊歷一些深厚文化底蘊的人文古道，常常可以使遊客思緒萬千、懷古鑒今，擁有豐富的情感體驗。步道佈局設計要考慮為遊客提供不同的遊憩體驗結合，在遊覽路線的設計中突出路徑與場所的不同感受。文以景秀，景以文名，景與文是不可分割的整體，步道的文化價值是步道最重要的附加值，也是步道打造的亮點。

2.1.2.3 空間審美

步道在空間佈局上會對遊客心理感受產生巨大影響。所謂「分隔則深、暢則淺」，分則似斷似續、曲折深邃。步道宜借助各種園林空間手法如主景、襯景、借景、障景等來增加空間層次，使景觀整體上錯落有致、起伏跌宕，使景物的展現欲揚先抑、欲露先藏。這種空間序列安排，使遊客獲得深遠曲折的感受，滿足其不斷求新求奇的心理。在空間的韻律感上，遊線的佈置實際上是空間的串聯，空間節奏有急、緩之分：快節奏的景區佈局控制點比較密集，彼此相關性大且子空間之間的尺度、形式差別較大；舒緩的空間則相反。在空間節奏把握方面，景區內步道的高潮控制點不宜過於密集，需要從整個景區的空間狀況及最優資源來考慮高潮控制點和一般景觀控制點的節奏與空檔的設置。控制空間節奏，可以避免因景區內場地不利條件

的限制而造成空間整體性差的問題，以保證區域內空間及景觀要求的均衡性。森林康養步道系統猶如一張環網，引導遊客遊賞森林佳境，步道的序列不僅可以組織風景序列，而且是景觀的構成要素、意境的創造之門。為取得單純統一的審美效果，步道還應有一定的範圍與界限，兩側可用灌木、地被、花草、木條、籬笆等多種材料進行隔離，避免使人產生無序散亂的印象，讓人感受到一種秩序美。

2.1.2.4　要素審美

步道的鋪裝樣式會對行走其間的遊客產生一定的心理影響。而鋪裝的樣式主要是通過平面構成要素中的點、線和圖形得以表現。點可以吸引人的視線成為視覺焦點，有規律排列的點可產生強烈的節奏感和韻律感。直線帶來安定感，曲線具有流動感，折線和波浪線則帶有起伏的動感。放射線組成的古典圖案，在產生韻律感的同時，具有極強的向心性。不同的形狀產生不同的心理感覺，或精致、或粗獷、或安寧、或熱烈、或自然。形狀、大小相同的反覆出現的圖形顯示出有條理的韻律感：方形整齊、規矩，具安定感；三角形零碎、尖銳，具活潑感。

步道材質不僅影響人們的視覺與觸覺感受，也帶給人不同的心理感受。如青石板往往帶給人質樸的感覺，大理石往往給人華麗的感覺，而鑲嵌的石子似跳動的浪花、起伏的音樂，給人一種自由浪漫的感覺。木材鋪面有溫暖細膩的質感，石材路面會給人一種堅實牢固的感覺。在鋪裝材質的選擇上應與步道的功能相適應，並與環境氛圍相協調。如歷史文化主題景區步道，應採用厚重的材質，並避免過於花哨的拼貼，以凸顯歷史文化的氛圍；自然風光型景區多使用以木質或者本地石材為主料的步道，能更好地融入自然。另外，步道的打造更要注重本土材料的應用，本土材料的運用不但能降低成本，還能與當地景觀更好地融合。此外，當地材料的運用具有一定的名片效應。

步道是景觀中使用頻率最高的人工設施，從平面上看步道鋪裝是步道設計的主要視覺源，合適的材質可以加強步道的裝飾效果，將其景觀與周圍環境有機結合一起，使步道在選材上達到美的視覺享受。

步道的色彩主要是通過步道用材的色彩來體現。步道設計與建設在用色上應盡量使用調和色而不用對比色：用冷色調則表現優雅、明快、寧靜、清潔、安定，用暖色調則表現熱烈、活潑、舒適，用灰色調則表現憂鬱、粗糙、自然。步道色彩運用中間色相，如茶色、鬆石色、槐黃色等色彩較為理想。色彩的作用，不僅可以增強已有空間的層次感，還能對場地內部的空間性質予以區別，使人對景觀元素的體驗不僅局限在「形」的層面；對景觀空間及景觀意義的表達頗具效果，還能夠主導人的心理活動，配合景觀元素的形態、材質、體量等，效果更加明顯。自然主題的景區當中，色彩以飽和度、明度低的顏色為宜，以更好地融入自然，避免顏色跳躍而分散遊客對景色的注意力；歷史文化主題景區應以步道通過區域的內容及顏色來決定其顏色。總之步道的顏色應盡量與景區內景物相適應，避免喧賓奪主。

2.2　森林康養步道的分類

目前而言，國外對景區步道系統的分類體系的研究已較為成熟與深入。與此同時，國內步道分類研究自 1982 年張家界建立第一個國家森林公園以來，一直在不斷完善與精細，往更系統化、完整化的方向發展。2004—2010 年，依託森林旅遊產業，森林步道得到迅猛發展。臺灣地區在森林步道系統設計與建設方面的實踐走在國內前沿，且形成了較為完備的步道系統分級體系。中國

香港地區對公園步道設計方面的研究較為重視，其步道系統按照功能特徵分類。

2.2.1 森林康養步道的使用功能分類

根據所開展的項目要求、服務對象與提供的遊憩體驗的形式，可將森林康養步道大致分為以下六類，如表2-1所示。

表2-1　森林康養步道使用功能分類

類型	概況
漫步觀景步道	漫步觀景步道是指依託良好的自然風景或人文古跡，如河湖、瀑布、溪澗、濕地、特殊地貌或岩石、稀有動植物區、人文古跡勝地等景觀，構建起來的以方便遊客觀賞為主要功能的步道，具有較強的原生性和審美價值
健身強體步道	健身強體步道指為遊客提供康體健身功能的具有挑戰性的步道，是森林康養步道系統中的主體，是現代森林旅遊的主要承載方式。健身步道應設在遊客方便到達且能夠充分享受森林療養功能的地區，如遊憩地主入口區、度假區、遊樂區、森林浴區等
科普教育步道	科普教育步道指以為遊客提供科普科教活動為主要功能的步道。科普教育步道應設在動植物種類豐富、多種生態系統並存、古樹名木集中、地質地貌特殊而遊客又能方便到達的地區，如濕地、紅樹林等
大眾遊憩步道	大眾遊憩步道的特色是自然度與敏感度低，承載量與可及性高，可以滿足一般社會大眾的觀賞性、體驗性、生理性與社會性等基本遊憩需求，因此可以導入遊憩活動，包括健行、賞景等一般性活動。由於此類步道的自然度與敏感度相對較低、可及性高，因此都市近郊林地可朝此類步道發展，以服務都市居民一般休閒遊憩。該類型步道要求環境設施較為現代化、舒適、高質量

表2-1(續)

類型	概況
深度體驗步道	深度體驗步道的特色是自然度與敏感度稍高，而承載量低於大眾遊憩步道，因此保護區、國土保安區的山林地可發展為深度體驗步道；而本區環境多具有獨特自然、人文生態資源特色，也可作為生態觀光的推廣步道，以滿足有自然體驗及生態學習需求的遊客。另一方面，本類型步道的遊憩使用量應有所限制，以避免造成資源環境不可恢復，以及追求深度體驗的遊客因環境過度使用而引起心理滿足感下降
高度保育步道	高度保育步道的特色是自然度與敏感度極高，可及性極低，以自然生態資源為主。鄰近中央山脈保育廊道、國家公園的生態保護區與史跡保存區均適宜發展此類步道。此類步道以環境資源保育為最終目標，並提供遊客追求自我實現、感受高峰體驗的遊憩機會。但是此類本區步道生態敏感性較高，任何不當的人為干擾都可能造成資源難以恢復的風險。因此，在遊憩使用時需做最大的管制，以限制過量的遊憩所造成的影響。此類型步道系統在規劃設計上以生態環境資源保育為最高原則

2.2.2　森林康養步道的海拔高度分類

根據所在地理區位的海拔高度，將森林康養步道大致分為以下三類，如表 2-2 所示：

表 2-2　森林康養步道海拔分類

類型	海拔高度	概況
近郊登山步道	都市近郊、低海拔丘地	路面平坦，供大眾登山健行
淺山登山步道	1000~3000 米	供初級登山者攀登
長程型步道	3000 米以上	供受訓練的登山者攀登

2.2.3 森林康養步道的路程與時間分類

森林康養步道按路程與時間分類如表 2-3 所示。

表 2-3　森林康養步道的路程與時間分類

類型	步道長度	概況
短程型步道	18 千米以下	行程 1 日以內（約 3~6 小時），當天可往返
中程型步道	18~60 千米	行程 1~2 日（6 小時以上），需要在森林裡過夜
長程型步道	60 千米以上	行程 2 日以上，需在途中住宿或雇用專車出入。通常會深入荒野、叢嶺，裝備、糧食負荷較大，參與者需要具備登山的技巧及野外活動的知識

2.2.4 森林康養步道的登山難度分級

根據坡度、鋪面狀況以及服務對象的不同，將森林康養步道分為以下三級，如表 2-4 所示。

表 2-4　森林康養步道登山難度分類

類型	概況
休閒級步道	路線特性：沿途路線指標清楚，行進路線容易掌握。登山口辨識容易，可及性高。一般人可輕鬆漫步走完全程，不用很費體力 步道坡度：沿途多數路段平緩，部分階梯坡度可能稍陡 路面狀況：步道鋪面設施完整，且容易行走，老少咸宜

表2-4(續)

類型	概況
健足級步道	路線特性：路線與岔路清楚易行，部分階梯段需考驗腳勁。一般人行走有點吃力 步道坡度：部分路段階梯坡度較陡，有時需考驗肺活量 路面狀況：部分路段也許無完整鋪面設施，但路面仍大致平整易行 服務對象：經常登山健行、體力較佳者
山友級步道	路線特性：路徑簡易狹窄、登山口不易辨識，沿途路標不明顯，部分路線位置隱密，不易在地圖查尋，需依賴熟悉者引導 步道坡度：部分路段階梯坡度較陡或者路徑較長，行走時較考驗肺活量 路面狀況：沿線路面多屬自然狀態，人工鋪面設施較少 服務對象：經常登山健行、體力較佳者

Part 3　森林康養步道規劃

　　森林康養步道的規劃要求貫穿各個自然旅遊區及周邊地區高品質生態旅遊資源、歷史文化資源和人文景觀區域，像脈絡一樣，將各個景區連成整體，盡可能地保障自然生態區域的完整性，以更好地滿足人們日益增長的戶外遊憩需求，推動生態旅遊與消費，促進富民和區域經濟增長。

3.1　森林康養步道規劃目標

3.1.1　地標層面

　　森林康養步道應連接森林公園、自然保護區、濕地公園及風景名勝區等自然和文化遺產地，使其成為當地的地理地標、生態地標和文化地標。

3.1.2　生態層面

　　森林康養步道應打造出以串聯性、景觀的組織性與獨特性為核心功能的長跨度、高品質的生態景觀，步道沿線周邊的自然生態資源應形成功能豐富的森林景觀斑塊。

3.1.3 空間層面

森林康養步道合理的規劃建設應通過「點」（步道遊憩節點）、「線」（遊覽步道）、兩者串聯形成的面域，打造出「森林生態旅遊中的康養空間」。點線面三者的完美融合應達到森林康養步道生態性和審美性的最佳效果，最終使遊客在其中游憩時得到美好體驗。

3.1.4 體驗層面

森林康養步道規劃應在充分發揮步道使用功能的基礎上，更多地研究遊客所接觸的步道線路情景及遊客可能的體驗，一切從遊客的需求出發，進行「體驗規劃設計」，力求讓森林康養步道自然、美觀、和諧，富有人性化和個性化。

3.2 森林康養步道規劃原則

森林康養步道的規劃是一項系統工程，應遵循以下規劃原則。

3.2.1 生態優先原則

森林康養步道規劃應以生態學為指導，保護當地植物群落的完整性和生物群落的延續性，不破壞良好的自然森林景觀，避免濫砍樹木、毀林墾荒，不影響周邊生物的栖息；不改變自然生態系統的結構、組成與演變，形成植物、水景、動物相生相融的生態景觀，規劃建設出對自然環境干擾較少的環境友好型森林康養步道。

3.2.2 以人為本原則

森林康養步道規劃建設面向的服務群體是遊客，因此在路線選擇、功能設計、服務配套、尺度把握、安全保障等方面要處處體現「以人為本」的人文關懷，要以遊客的情境體驗為核心，把人作為主角，把周邊環境作為布景，進行人性化設計，使遊客在遊覽中得到美好體驗。

3.2.3 地域文化原則

文化是森林康養步道規劃建設的一個重要主題，森林康養步道景觀應成為地域文化展示的載體，在其規劃過程中應該尊重地域生態環境的場所特徵，適應當地的自然地形地貌和水文條件，凸顯地域文化特點，展現和延續地方文化，實現生態、景觀、文化的和諧融合。

3.2.4 因地制宜原則

在森林康養步道規劃建設過程中要始終貫徹因地制宜原則。注重實地踏勘、現場調查，以整體和系統的觀點將步道系統與相關聯的地形地貌、氣候土壤、社會經濟等客體因素進行統籌考慮。要合理劃定步道規劃範圍，將森林中可利用地段逐個規劃設計優化，實現森林康養步道周邊空間環境資源的最大化利用。

3.2.5 景觀美學原則

森林康養步道規劃建設既要強調交通連接、休閒遊憩、康體娛樂等實用功能，更要突出景觀觀賞功能。依託豐富多樣的森林自然景觀資源，將園林美學中的空間處理和藝術手法借鑑運用在森林康養步道的路線規劃中，通過靈活運用遠借、鄰借、

仰借、俯借、應時而借等手法將森林康養步道線路進行整體規劃佈局，突出森林康養步道系統的藝術性和審美功能，以達到功能、效益和景觀美學的完美結合。

3.3 森林康養步道規劃的影響因素

3.3.1 自然環境因素

森林康養步道規劃應依託於森林自然環境中人體舒適度、空氣 PM2.5 濃度、空氣負氧離子含量、空氣微生物濃度等條件，綜合考慮植物林分的結構穩定性，林相、季相變化的多樣性，森林鬱閉度，森林氣候，地形地貌，森林環境容量，森林自然景觀等自然環境因素，盡量選擇森林康養條件良好、交通便利、無自然災害的安全區域。

在森林康養步道規劃中選擇的周邊自然環境因素應包括如下條件。

3.3.1.1 森林條件

森林康養步道一般應選擇在森林公園中的成片森林區域（即森林面積在 50~100 平方千米以上），且森林覆蓋率為 40%~70%，林分為以針闊混交的中齡林以上的穩定林分，森林組成樹種以鬆、檜、櫸、櫟、柏等為佳，並且在規劃中應多補植一些具有殺菌功能的樹種。

3.3.1.2 地貌條件

森林康養步道的周邊自然環境應盡量包含多種地貌單元，盡量擁有較大面積的水體及開闊草坪地。康養步道設計應根據森林療養和有氧運動醫學原理結合現有的地形地貌條件，依山勢而建。除此之外，在線網佈局時，要充分考慮周邊現有地貌

資源的保護與地形的利用，並避開危險地貌區，如可能發生山體滑坡、泥石流以及其他自然災害的地區。若難以避讓，應設置有明顯標示的警示牌，並配置安全有效的防護措施。

3.3.1.3 環境容量

森林自然區域的環境容量是一個限定性因素，是維護生態平衡的保障。環境容量的概念由比利時數學生物家P.E.佛來斯特提出，可概括為：在旅遊環境結構不發生對當代人與後代人有害的變化且不降低遊客旅遊質量與遊興的前提下，在一定時期內所能接受的最大遊客量。森林康養步道的規劃與建設可以通過對遊客的旅遊行為進行引導，對周邊自然環境資源進行合理配置，調節遊客數量與自然環境的關係，來適當增大森林環境容量，提高旅遊經濟效益。除此之外，環境容量在森林康養步道規劃中能幫助確定步道的走向、等級、里程以及密度，避免盲目建設與規劃。

3.3.2 地域文化因素

在森林康養步道的規劃中，地域文化的體現必然是點睛之筆。瞭解、欣賞、感受異域文化以及對文化的追根求源是森林生態旅遊重要的動機。規劃建設優質的森林康養主題文化空間，需要有特色文化遊憩節點，打造趣味森林康養步道遊覽線路。

3.3.3 行為心理因素

森林康養步道規劃要在保護生態的前提下充分預見遊客的各種活動行為，規劃出「眾樂樂」的森林康養步道路線。人對環境的私密性需求和領域感以及其他社會文化心理等，會在不同程度上反應在人們在步道空間環境中的心理活動上。從人的瀏覽心理研究入手，進行森林康養步道系統的規劃，可以使森林康養步道系統與其構成的空間環境更具人性化的內涵。

3.3.3.1 擁擠度與依靠性

反應了人們的防衛心理，與邊界效應有密切的關係。即在面向開敞的步道空間中，人們總是選擇有可依靠的景點、構築物的地方停留，來滿足人們心理上的安全感。

3.3.3.2 私密性與尊重性

人們在公共空間中的交往、交流等活動均相對私密，需要不易被人打擾的環境。在森林康養步道的規劃中，往往要在私密空間和公共空間之間設置過渡性空間，以此來達到分隔與緩衝的目的，保證步道環境的私密性以及滿足人們在步道環境中的尊重需求。

3.3.3.3 聚集效應

許多研究發現當人群密度超過 1.2 人/平方米時，遊覽速度會出現明顯下降趨勢。當空間人群密度分佈較小時，則出現人群滯留現象。如果滯留時間過長，就會逐漸結集人群，這種現象稱為聚集效應。在森林康養步道系統的規劃中，應該充分考慮到步道空間中的人群密度，以便進行合理的導向和疏通，以免造成人群的滯留，給遊客遊覽或從事其他的休閒活動帶來不便。

3.3.4 遊憩動機因素

森林康養步道規劃應充分進行遊客旅遊動機分析，預測遊客欣賞風景和開展活動的需求。不同森林康養步道遊憩環境所能滿足的遊客遊憩需求有所不同。從馬斯洛對人類需求的分析來看，大部分遊客追求的是身心放鬆、親近自然，來滿足個人在生理、安全等方面的需求。而在自我實現的這個層面，個體追求的是天人合一、自我超越等高峰體驗的遊憩需求。因此，為滿足大眾不同的遊憩需求，規劃建設多樣化的森林康養步道遊憩路線是很有必要的。

遊客作為森林康養步道主體的這種自我需要的滿足，是推動森林生態旅遊及森林康養步道規劃建設的真正動力所在。表3-1列舉了7個主要遊憩動機。

表 3-1　現代遊客的七個遊憩動機

動機一	動機二	動機三	動機四	動機五	動機六	動機七
放鬆心情、隔絕現實	探索	健康	支配事物	追求自尊	學習	社交

3.3.5　景點分佈因素

森林公園及周邊自然生態資源的景點空間分佈，對森林康養步道規劃有決定性作用。森林康養步道的線路可能會穿越不同生態系統的過渡區域（例如森林和水體的過渡區域、森林和草地的過渡區域等），連接整個旅遊片區的起點空間、展開空間、過渡空間、主體空間、收尾空間。景點空間分佈應做到主次分明、疏密合理、布置有度、連貫通暢，從而增加遊客的遊興、延長遊客在景區的逗留時間。

3.4　森林康養步道整體佈局策略

3.4.1　優化自然空間，凸顯山水風貌

森林康養步道作為人與自然交融的場所，應注重對現有森林自然空間形態格局的優化，引導森林發展，延續綠色肌理，尊重山水格局，避免無節制的蔓延式規劃，提供遊客與自然環境的良性對話平臺。

3.4.1.1　自然滲透城市，城市融入自然

森林康養步道系統的整體佈局應體現對自然人文的尊重。

在整體佈局上，森林康養步道線路需依賴現有的山水格局，充分順應整體綠地格局和肌理，與之有機相融、協調統一，如圖3-1所示。利用各種分級的森林康養步道，將森林內的自然生態資源聯繫起來，將原有綠地及綠帶系統化、網路化，構成有機統一的整體，使其與周邊區域其他系統相互補充和作用，優化自然空間，強調整體生態效應大於單位和個體效應。

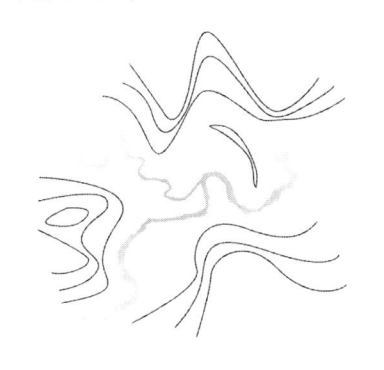

(a) 自然山水格局　　(b) 森林康養步道系統

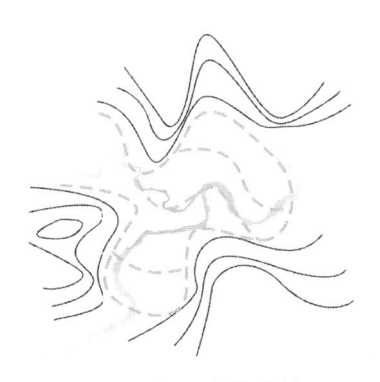

(c) 契合山水格局的
森林康養步道系統

圖3-1　宏觀層面模式圖

3.4.1.2　顯山露水

以「基質—斑塊—廊道」理論為基礎，按照「保護聯繫—

資源整合—適度利用」的原則，利用森林康養步道將生態廊道和生態斑塊合併為區域綠地，串聯城區周邊主要山體、河流、水庫、濕地，以及自然保護區、風景名勝區、郊野公園等綠色空間，使分散的生態斑塊和資源相互連接，形成環帶網路，提高連接度與生態功能，如圖3-2所示。

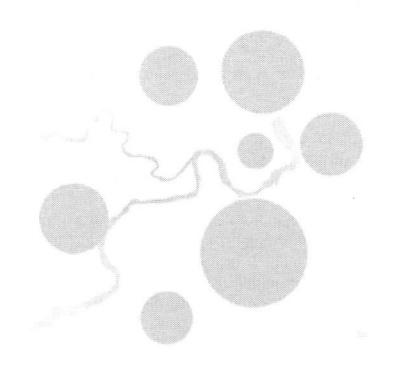

（a）片區山水格局

（b）通過森林康養步道貫連匯聚自然斑塊

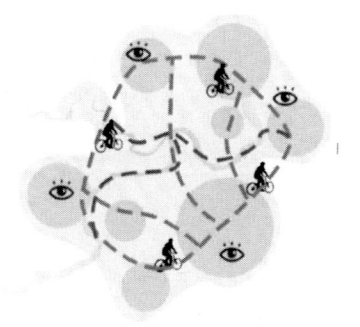

（c）形成生態視廊與慢行通廊

圖3-2 中觀層面模式圖

3.4.2 引導綠色出行，優化交通結構

3.4.2.1 打造複合功能空間網路，完善基建服務設施

提升森林康養步行體驗感，滿足遊客遊憩需求，打造涵蓋休閒、娛樂、運動、交往、觀光、購物等複合功能的綜合性空間網路，提高森林康養步道周邊服務站點與基礎設施的密度和質量，營造富有節奏韻律的森林康養步道路線。

3.4.2.2 慢行代替小汽車，優化交通結構

通過提升慢行系統的可達性與完整性，優化森林康養步道系統與機動車交通系統的接駁，提高森林康養步道系統的被選擇率，減少小汽車出行的被依賴率，優化森林自然區域的交通結構，完成森林康養步道對自然環保與康體觀念的引導，如圖3-3所示。

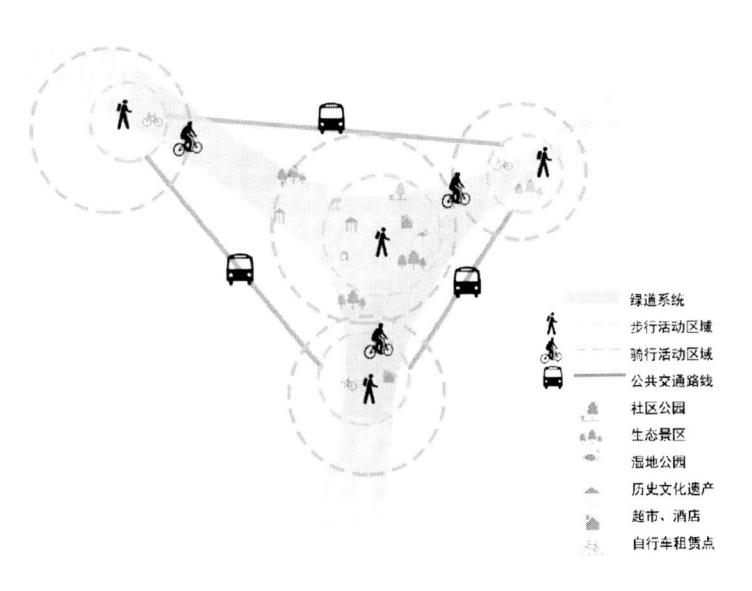

圖3-3 以森林康養步道慢行系統為主導的交通模式圖

3.4.3 延續自然文脈，展示地域文化

森林康養步道路線在整體佈局時應有機結合本地文化及周邊歷史文化風貌，突出統一多變的自然風土人情，在其中匯聚物質流與文化流，提升森林的生命活力，長久地傳承發展地域文化。

對於森林康養步道周邊已有物質文化遺產的，要完善其周圍的公共綠地，接入森林康養步道系統，並建設人性化的配套設施，開發參與式的相關活動，打造地域性的文化地標。使人們可以通過森林康養步行遊線，沿途觀賞與遊覽人文遺產，進而瞭解其歷史意義與精神內涵。

3.5 森林康養步道產品規劃思路

森林康養步道產品是依託森林自然景觀和高品質旅遊環境，為森林公園環境總體結構布景，並且通過對步道景觀實體的規劃、功能價值的挖掘與體現，來滿足遊客遊覽、健身、體驗自然與歷史文化的需要，為公園謀求利益的旅遊產品。也就是說，森林康養步道是實體概念，而步道旅遊產品是屬性概念，產品核心是注重遊客消費的體驗和經歷。

3.5.1 立足市場、綜合開發

在公園客觀資源環境的前提下，森林康養步道產品的規劃要準確分析森林公園目標客源市場，針對不同結構、不同層次、不同類型遊客。在橫向規劃上設計主題鮮明、獨具特色的步道產品，與公園其他類型旅遊產品組合，擴大公園旅遊產品寬度。在縱向規劃上，將步道產品系列進行深度組合，推出主導型、

支撐型及輔助型的綜合性旅遊產品。同時，森林康養步道產品應根據季相變化和消費者不同季節、不同氣候的消費心理，在保持產品核心內容和特色的基礎上，不斷更新推出新產品，如春天的步道可以踏青賞花、夏季的步道可以消暑納涼、秋季的步道可以登山觀紅葉及採摘水果、冬季的步道可以賞雪等。

3.5.2 依託環境、立意文化

森林康養步道產品依託優美的森林公園良好的景觀生態環境、變換的季相，配備相應的服務設施和解說系統，使遊客獲得深刻體驗。文化既是步道產品的靈魂和核心競爭力，又是步道產品的高附加值。景觀步道產品開發應融入文化而不是生硬地捏合，應深入挖掘與之緊密相連的歷史文化、山水文明，並通過適宜的方式展示。一方面實現遊客的文化訴求，讓人們主動親近認識自然，感受精神性的環境氛圍，另一方面也是對步道路線文化遺產的保護。

3.6 小結

寓自然人文於森林康養步道，享休閒健康於森林生態旅遊。森林康養步道是森林公園景區內部通往景物的步行線，是景區內供旅遊者遊覽以欣賞自然美景和人文景觀的通道。人們通過森林康養步道進入森林，將身心都交給森林，放空思想，靜靜聆聽森林的聲音，會得到徹底放鬆，從而達到健康休閒的目的。因此，建設規劃森林康養步道，為森林康養發展創造條件是林業相關部門義不容辭的責任，相信在社會各界的關心、關注和大力支持下，未來森林康養步道的發展會融入每個人的生活，拓展大家健康生活的方式，並在經濟社會發展中扮演越來越重要的角色。

Part 4　森林康養步道設計

森林康養步道路線詳細設計的內容包括步道的形式、材質、色彩、鋪設方式、周邊綠化環境、附屬設施等。林中步道的細部設計會影響遊客對景區的直觀感受，同時也對遊客的遊憩行為起著約束作用。良好的步道設計保證了遊客的安全，也是對森林康養步道周邊自然生態環境很好的尊重和合理的保護，以促進森林自然區域的健康發展。

4.1　森林康養步道設計目標

4.1.1　安全性與舒適性

安全性與舒適性是森林康養步道詳細設計中的基本目標。在不破壞自然的前提下，步道設計應充分考慮人體安全，包括步道的寬度、步道的坡度、步道欄杆的高度、步道的材質等。針對兒童、老人及殘障人士的特殊需要，應主要考慮步道長度與休息點、觀景角度與觀景節點、過程吸引力及無障礙設施等，安排適宜的觀賞與遊樂方式，並按照適宜的尺度去設計森林康養步道上的節點、小品及遊憩設施。

4.1.2 自然性與合理性

自然性與合理性是森林康養步道詳細設計中的重要目標。森林康養步道詳細設計也要以人與自然相適應為基礎,配合自然地形地貌,盡量沿等高線布設步道,使之與山水自然景觀相融合;要以生態保護為核心,在生態脆弱敏感區域不宜做大挖大填設計,做到尊重自然、保護自然;若有水體,則以水景為重點,且盡量利用原有的小道進行改造,設計環境優美、合理的人性化步道。

4.1.3 特色性與美觀性

特色性與美觀性是森林康養步道詳細設計中的核心目標。森林康養步道詳細設計應該突出特色,以滿足不同旅遊者的興趣與需求,以不同的設計風格和材質選擇,使步道呈現出不同的景觀效果。與此同時,在詳細設計中也應充分考慮到步道選線、用材、體量、風格、主題、顏色以及漫步沿線的視覺美感度,如植物設計、色彩搭配、群落組成、野生花卉使用、步道旁構築物的界面處理等方面。只有遵循美學規律的步道設計,才能在康養功能、藝術審美與生態效益上實現完美結合。

4.2 森林康養步道設計原則

森林康養步道設計應遵循以下四個原則。

4.2.1 以人為本原則

通過對遊客特徵、行為、數量以及遊憩行為偏好等的調查與預測,全面系統地考慮遊客的行為特點,進行人性化的森林

康養步道詳細設計。具體要調查和預測的項目有遊客的年齡結構、性格特點、家庭組成、文化背景、社會階層、行為類型、行為選擇偏好以及不同季節遊客數量等。

4.2.2　自然舒適原則

步道兩邊宜以觀賞的自然花卉類植物為主，在水中宜種植自然水生植物。步道的石臺階兩邊除了原有的大喬木外，可以增加灌木類及較矮的植被與草地。除去部分雜草，保留觀賞價值高的樹種，精良栽培其他低矮灌木樹種，豐富綠色植被與花藝，形成高低錯落有層次的景觀效果和多層色葉帶。同時，步道也要與景點、設施相結合，設計時要將觀景亭等小品、野生動物園、植物園、服務點、洗手間等節點空間有機聯繫起來，體現出步道的舒適性。

4.2.3　空間韻律原則

詳細設計的整體構圖應具有韻律美感，猶如一部交響曲，有序曲、慢板、快板、終曲，有起承轉合，有主旋律，有和聲等。要在合理把控空間尺度的前提下，形成純自然的森林康養步道遊憩節奏。步道空間通過喬灌木的疏密搭配，使得遊憩形成慢、中速、快、緩慢等不同節奏，給遊人提供張弛有度的遊憩體驗。

此原則在步道的降速設計和滯留空間的設計上運用得較為顯著。對於森林公園內有景可賞的路段，採用曲折的道路，如汀步，延長通過的時間，從而放慢賞景的行進速度、延長觀景的時間。在路邊應設置滯留空間，如在適當的地方設亭、廊、軒或疏林、空地等供遊客休憩或駐足觀景，保障人流的通暢。

4.2.4 創新高效原則

方案的詳細設計應將現代技術與傳統方式結合，通過現場照片、GPS定位、文字、表格、圖紙等多種方式對森林康養步道進行定位設計。這不僅增加了設計深度，也提高了設計方案的直觀性，使設計方案在溝通和實施中提高了效率。

4.3 森林康養步道設計元素

森林康養步道的面積雖小，但設計需要將許多元素濃縮在有限的空間內。根據大量步道設計實踐以及遊客的觀賞反饋意見，筆者歸納總結出了步道詳細設計中應充分考慮的線形元素、臺階元素、鋪裝元素、植物元素、附屬設施元素、坡度元素、長度元素、寬度元素等，如表4-1所示。

表4-1 森林康養步道設計元素

線形元素	根據不同區域、地形、地貌、使用功能選用不同的線型。直線代表力量，曲線象徵柔美，交叉線產生激盪，波狀線體現奔放	
臺階元素	這是一種最簡單、最常見的空間過渡形式。臺階數量越多，高度越高，其向心性就越強，圍合感和空間感就越強	

表4-1(續)

鋪裝元素	鋪裝有助於界定不同的空間、提示空間的轉換、打破單調的視覺效果。鋪裝材料與形式的合理運用能產生視覺上的韻律與節奏的變化	
植物元素	植物是步道景觀中的主體元素。可利用植物構造出不同意境空間，達到「步移景異」的景觀效果	
附屬設施元素	步道上包含燈具、座椅、雕塑、小品等，在保證功能性的同時，起到調節遊客視線的遠近，進而體現步道景觀序列變化的作用	
坡度元素	在縱坡方面可以有較大的變化範圍，以最大程度地體現景區豐富的景觀變化	
寬度元素	不同寬度的步道形成了主路、次路，串聯了主要景點、景物，構成了主要遊覽線。局部有特別要求的應適當拓寬步道	

表4-1(續)

| 長度元素 | 步道上應進行分段設計，供不同需求的選擇，根據實際情況確定步道的長度。 | |

4.4 森林康養步道設計要點

基於森林康養步道相關理論與實踐探索，我們對森林康養步道詳細設計要點進行系統性的歸納總結，運用前面提出的八類設計元素，相應的設計要點如下。

4.4.1 森林康養步道線形設計

在步道線形設計時曲線美大於直線美，要多選用曲線如 S 形、卵形、C 形、「之」字形等。具體選用哪種類型取決於地形狀況。如果地形比較平緩、開闊，選用 S 形、C 形較好；如果地勢陡峭，則採用「之」字形。選用以上線形，無論從高處遠眺還是從近處觀看，都會感覺到步道線條優美、舒暢、和諧，遊客走起來也比較舒適，不會有單調的感覺。但當制高點有中心景點的時候，也可以直代曲。如仰視直線拾級而上，通過兩側森林形成主道，會給人以震撼和崇敬的感覺。

4.4.1.1 線形

因景點分佈不均衡，步道在平面上隨地形、景物的變化而自然彎曲，呈現平面線形。此類平面形式適用於地勢較平坦或山體坡度較小的森林康養區域（見圖4-1）。

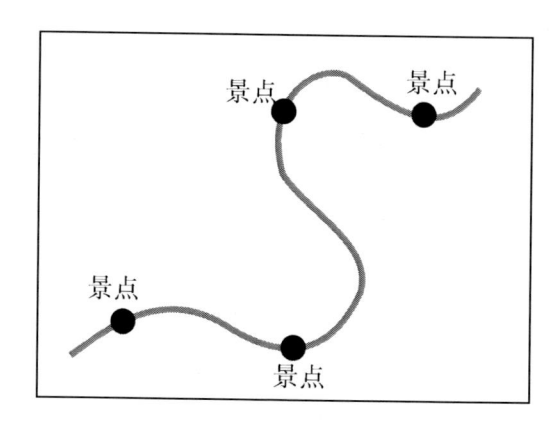

圖 4-1　線形示意圖

4.4.1.2　環形

受地形地貌等條件的限制，步道沿山體等高線呈類似螺旋狀攀升而到達景點的形式，呈現具有一定向心性的平面佈局。根據景點的設置，次遊路與主遊路連接形成環路，遊步道與次遊路連接形成環路，步道也可以與主遊路連接，遊步道之間也可以形成環路，最終達到的效果是讓遊客不走回頭路、錯路或者毫無景觀可看的路（見圖 4-2）。

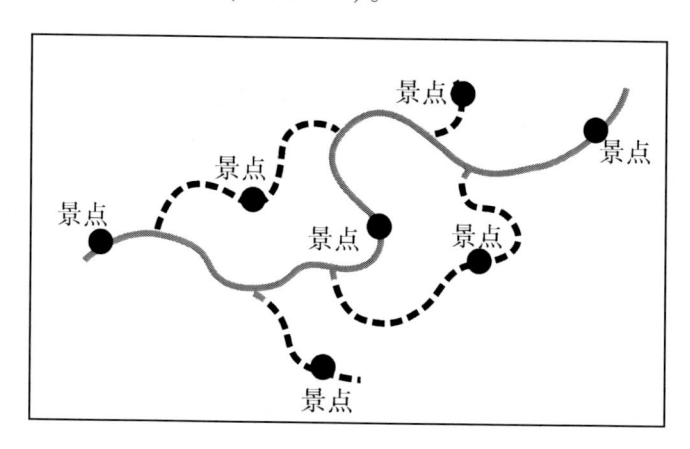

圖 4-2　環形示意圖

4.4.1.3 自由形

不具備特定的形狀，以景點為牽引，強調景觀變化及遊憩體驗，道路或蜿蜒曲折，或跌宕起伏，帶給遊客不同的視覺體驗與遊憩享受（見圖4-3）。

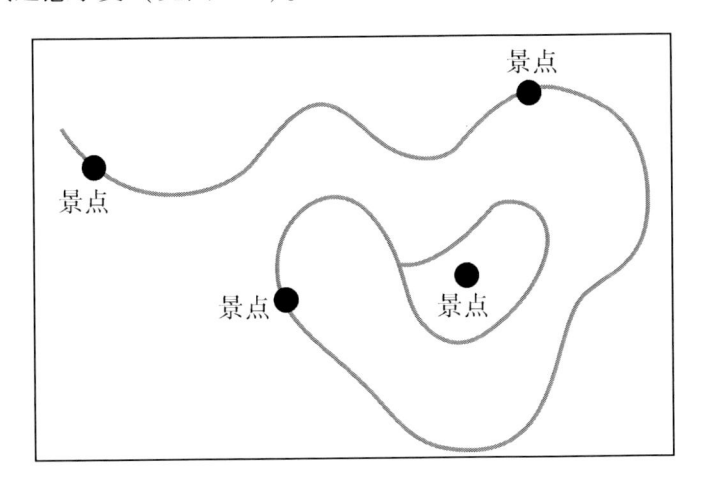

圖 4-3 自由形示意圖

4.4.2 森林康養步道臺階設計

森林康養步道臺階可以形成一個空間，其空間特點是有明顯的向心性。臺階的數量越多，高度越高，其向心性就越強，圍合感和空間感也越強。在步道空間中，臺階是一種最簡單、最常見的空間過渡形式，可以在心理上給人以暗示和提醒，讓人預感變化的到來。同時步道處理高差問題時經常會用到臺階。臺階在開闊的戶外環境中，往往會成為視線焦點，配合其他園林設計要素來豐富臺階的景觀，起到引導視線的作用。而臺階也具有形式美、韻律美和光影美等特徵，因而有很強的景觀效果。優美的臺階很容易成為空間中引人注目的因素，滿足人們對美的心理需求，成為森林康養步道中一道道亮麗的風景線。

4.4.2.1 踏步和平臺

森林康養步道臺階由踏步和平臺兩部分組成。根據相關設計標準，臺階的設置標準為：室內外臺階踏步寬度不宜小於0.3米，踏步高度不宜大於0.15米、小於0.1米（通常踏步高度為100~150毫米，踏步寬度為300~400毫米）。踏步應防滑（天然石材臺階不要做細磨飾面）。室外臺階踏步數不應小於2級。當高差不足2級時，應按坡道設置。室外臺階寬度不宜小於0.35米。

4.4.2.2 休息平臺

如果臺階高度超過3米，或是需要改變攀登方向，為安全考慮，應在中間設置一個休息平臺。通常平臺的深度為1.5米左右。

4.4.2.3 防護措施

人流密集場所的臺階高差應超過0.7米，當側面臨空時，應有防護設施（如設置花臺、擋土牆和欄杆等）。為方便上下臺階，應在臺階兩側或中間設置扶欄。扶欄的標準高度為2000像素，一般在距臺階的起終點約750像素處做連續設置。

4.4.2.4 排水

落差大的臺階，為避免降雨時雨水自臺階上瀑布跌落，應在臺階兩端設置排水溝。臺階踏板應設置1%左右的排水坡度。

4.4.2.5 照明

臺階附近的照明應保證一定的照度。

4.4.3 森林康養步道坡度設計

坡道是連接有高差的地面的斜面通道。步道在平面上可以隨意地彎曲，在縱坡坡度方面也可以有較大的變化範圍。據《邊坡工程相關標準》與《建築邊坡工程技術規範》等相關規範與標準，坡道的坡度一般為1/12~1/6。在此基礎上，森林康

養步道旁的邊坡也應以親近自然的生態做法為主，保持步道的排水通暢。面層光滑的坡道，坡度不宜大於 1/10，因為坡度為 1/10 的坡道較為舒適。粗糙材料和設防滑條的坡道，坡度可稍大，但不應大於 1/6。鋸齒形坡道的坡度可加大至 1/4。此外，若考慮無障礙設計，對於殘疾人通行的坡道，其坡度不大於 1/12。同時與之相匹配的每段坡道的最大高度為 750 毫米，最大水準距離為 9000 毫米。應採用耐久、耐磨和抗凍性好的材料。一般多採用混凝土坡道，也可採用天然石坡道等。另一方面坡道應注意變形的處理。森林康養步道對防滑要求較高，坡度大於 1/8 的坡道需做防滑設施，可設防滑條或做成鋸齒形（統稱「礓磋」），天然石坡道可對表面做粗糙處理。一般景區內步道坡度以小於 7% 為宜，設 0.3%～8% 的縱坡和 1.5%～3.5% 的橫坡，坡度大於 24% 的應設置臺階（如圖 4-4 所示）。

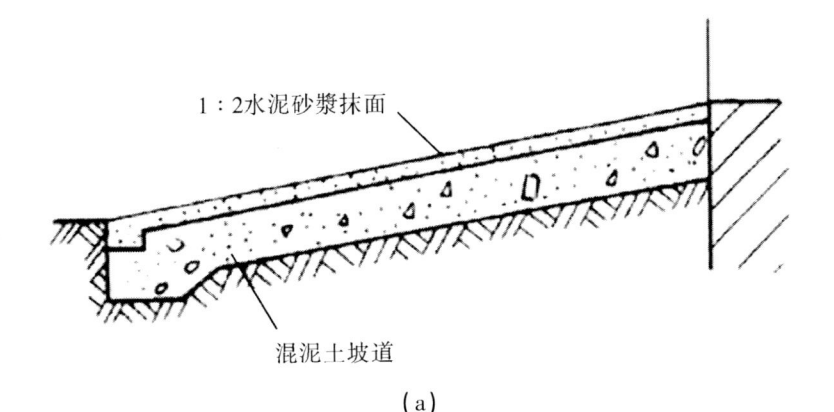

1：2水泥砂漿抹面

混泥土坡道

(a)

(b)

混凝土斜坡

大于冰凍深度

混砂墊層

(c)

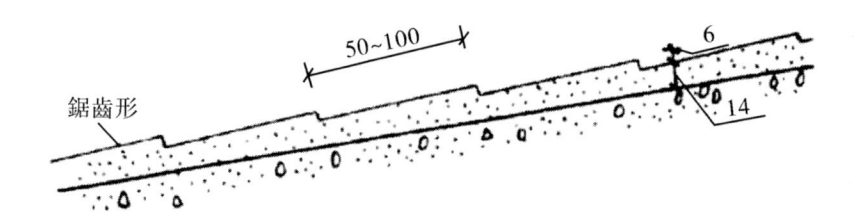

金剛砂
50~80
水磨石

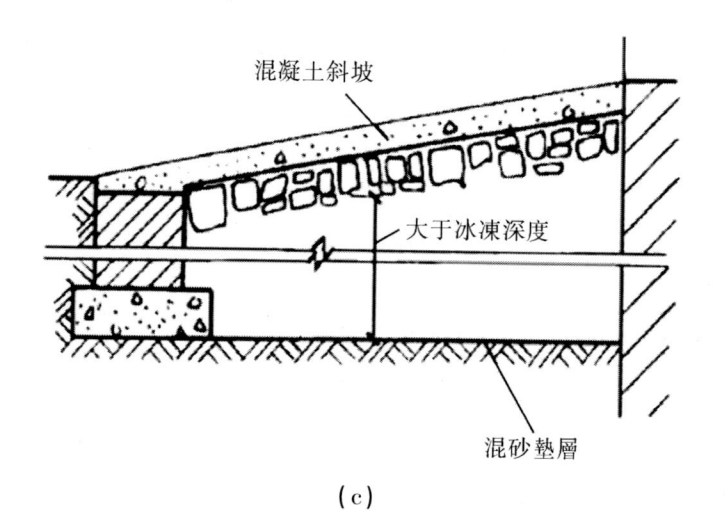

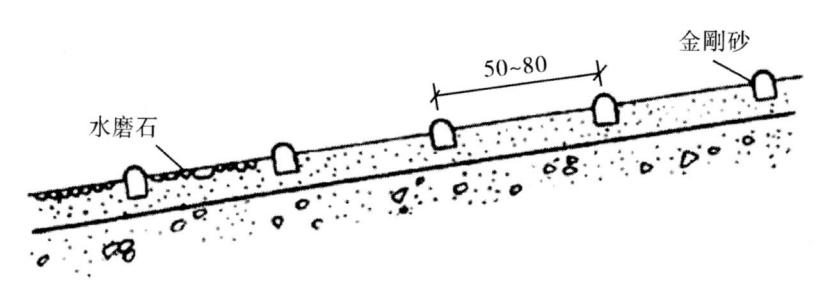

(d)

圖 4-4　步道常用坡度構造示意圖

4.4.4 森林康養步道長度設計

觀景步道控制在 8 千米以內，超過 8 千米應與公路、水路、纜車等其他交通方式銜接。一般健身步道在 0.5~4 千米以內，老少皆宜；特殊健身步道可達幾十千米，分段設置，供不同遊客選擇。為滿足遊客生理及心理需要，結合遊覽體驗調研，科學科普步道不應超過 2 千米，遊程大多控制在 1 小時內，以老少皆宜為設計原則。除此之外，用做管理的步道，在遊憩區內一般設置在 500 米以內。若超出此範圍，則根據實際情況而定。

4.4.5 森林康養步道寬度設計

一般公共遊步道的最小寬度為 1.2 米，通常寬度為 1.5~3 米。主路應串聯主要景點、景物與觀賞點，形成主要遊覽線，寬度大於 2 米；次路應串聯其他景點、景物與觀賞點，形成一般遊覽線，路寬 1.5~2 米。若有野區小徑，可設置在 0.8~1.5 米，局部有特別要求的則適當拓寬寬度。日本森林療法協會要求森林康養步道設計中先應有時長在 15 分鐘左右供輪椅通行的無障礙步道，再提供初次體驗者的 1~2 千米的平坦或緩坡的康養步道，最後佈局長距離和高強度的步道。

4.4.6 森林康養步道鋪裝材料與形式設計

森林康養步道鋪裝設計有助於界定不同的空間、提示空間的轉換、打破單調的視覺效果。鋪裝材料和鋪裝形式的合理運用還能在視覺上產生韻律與節奏的變化。

4.4.6.1 鋪裝材料

森林康養步道常用青石板、花崗石、小青磚、木材等，也有選擇金屬材料的（見表 4-2）。每一種材料都有其獨特的顏色、紋理和質感，也都有各自的優缺點。設計者需根據步道所

需要表達的意境，合理搭配鋪裝材料形成景觀序列。一條道路上的鋪裝應該在統一中富有變化。步道的路面一般採用柔性材料，因為柔性材料具有天生的親和力，在步行過程中腳底接觸步道感受到的是溫柔與友好，不會給人以很大刺激的感覺。這種人與地的直接接觸，使人有腳踏實地的體驗與感受。

表 4-2　步道常用鋪裝材料

材質	特色	優點	缺點
木材	自然、溫暖	便於取材、施工快、好維護	易朽、易裂、怕曬、怕潮
石材	滄桑	耐久、防腐、便於取材	易風化、堅硬
磚	整齊、統一	耐久、防腐、施工簡單	易顯得單調、刻板
混凝土	整體性好	通行量大、施工快	人工痕跡重、冰冷
金屬	工業感強烈	便於加工、施工，耐用	怕腐蝕、保養成本高
玻璃	透明、體驗性強	觀光視角獨特、抗彎曲	成本高、安全系數要求高

在如今的設計中新型材料應用較為廣泛，步道的鋪面材質不應僅限於傳統材料如木材、石材、磚材等，也有一些現代的材料逐漸出現，如合成材料、金屬、複合材料、廢棄物回收進行二次利用的材料等。新技術、新材料的應用是當代設計與建設新的發展方向。

4.4.6.2　鋪裝形式

鋪裝形式可以是單一材料形成不同圖案，例如花崗石的平鋪與工字縫鋪方式的組合；也可以是不同材料形成不同圖案的組合，例如花崗石冰裂紋鋪與卵石平鋪的組合形式；還可以是

鋪裝材料與其他材料的組合，例如嵌草磚是塊料與塊料之間留有空隙，在其間植草，形成冰裂紋嵌草路、空心磚紋嵌草路、人字紋嵌草路等。除此之外，彩色鋪裝路面，不僅顏色鮮亮活潑，還可以通過顏色傳遞很多信息（見圖4-5）。

圖4-5 步道常用鋪裝形式

森林康養步道按鋪裝材質以及鋪裝形式不同大致分為：塊料鋪面步道、碎料鋪面步道、竹木鋪面步道及其他材質鋪面步道等四大類。

①塊料鋪面步道

塊料鋪面指以磚塊、石塊和制成各種花紋圖案的預制水泥混凝土磚等築成路面。塊料嵌草鋪面步道指把天然的石塊或各種形狀的預制混凝土土塊鋪成各種圖案，鋪築時在塊料間留有3~5厘米縫隙，填入培養土再種草的路面，如冰裂紋嵌草路、花崗岩石板嵌草路、木紋混凝土嵌草路、卵石混凝土板嵌草路等。

②碎料鋪面步道

碎料鋪面指主要使用碎石、卵石等材料拼砌路面。它們的風格或圓潤細膩，或樸素粗獷，都易與園林尤其是中國傳統園林的環境和意境相協調。採用碎石鋪面的步道路面耐磨性好、防滑，步道路面中間的塊石板帶打破了礫石路面步道的單調。碎料步道為簡易步道，多用於生態旅遊區的服務區、度假區中

地勢較平坦或坡度適中的遊憩場所。它們往往與相應的小品、園林植物或相關設施等相結合，營造出親切、自然、經濟、美觀的空間景域。

③竹木鋪面步道

竹材和木材當然為首選材料，它們最大的優點就是給人以柔和、親切的感覺，所以常用木塊或木棧道棧板、竹片代替磚石的鋪裝。用竹材編製而成的棧道古樸、自然，同時用竹管作為護欄杆與竹質鋪面搭配，更顯協調，不僅起到引導遊覽作用，也起到景觀美化的效果。

④其他材質鋪面步道

其他材質鋪面主要有土質、混凝土、金屬板鋪面等。泥土主要用於較為原始的地區步道，可與其他材質相配合使用。混凝土鋪面步道主要為整體路面，是用水泥混凝土或瀝青混凝土、彩色瀝青混凝土鋪成的路面。其平整度好，路面耐磨，養護簡單，便於清掃，多用於景區的主幹道。而金屬板鋪面主要用於景區陡峭處的棧道或懸崖登山步道的護欄設施。

4.4.7 森林康養步道植物配置設計

植物是森林康養步道景觀中的主體部分，可利用植物的不同特性和配置結構創造出具有不同情感體驗的植物空間及療愈空間，營造或熱烈歡快或淡雅寧靜或簡潔明快或輕鬆悠閒或疏朗開敞的意境空間。

4.4.7.1 植物種類選擇

每個樹種的形態、體量、觀賞特性都不盡相同，按照一定規律栽植不同種類植物可以在步道沿線上形成韻律與節奏感。一段步道的植物景觀可以選擇喬木作為基調樹種，間植常綠樹種與落葉樹種，形成不同的季相變化，增加開花植物與彩葉植物，提高視覺效果。為了體現步道的獨特性，植物種類宜豐富

多樣，搭配宜精巧細緻。

4.4.7.2 植物配置

植物的種植方式有孤植、叢植、行植等。在平面布置上，一般孤植樹可以作為點景樹，成為一個節點的主題景觀，或者兩個節點空間承上啓下的過渡標示，形成點狀空間；叢植是步道上最常見的植物種植方式，以自然生態為原則組團式種植，邊際線進退有度，形成節奏不一的開合空間；而行植適宜於規則的步道，在通行區域兩側以同種植物或者不同植物搭配行植，整齊排列，形成線性空間。在立面上，不同高度的植物，其空間和遊客心理的導向性不同。有研究表明，0.3~0.6 米的植物列植，產生導向作用；1 米左右的植物列植，產生交通分隔的作用；1.2 米的植物列植，產生明顯分隔空間的作用；高於 1.5 米的圍合列植，產生私密空間感。利用空間的不同形態來布置步道兩側空間，可在景觀序列方向和空間變換帶來的視覺與感受中達到步移景異的景觀效果。

在植物配置過程中應遵循以下幾個要點：

①為提高行走的舒適性，步道兩側應栽植遮陰的植物以增加其周邊的綠化率。

②應剪除妨礙行走的喬木、小喬木或灌木的側枝。步道上原有的較大的樹木在不妨礙行走的情況下，可予以原地保留並設置繞行步道。

③應在「之」字形步道轉折處種植植物，以減少走捷徑的行為。

④在步道邊裸露的地帶，盡量栽種地被或灌木，以開花植物為佳，可提高觀賞度，避免產生視覺上的疲勞，更能吸引遊客。

4.4.8　森林康養步道附屬設施設計

燈具、座椅、雕塑等附屬設施作為森林康養步道上的景物，在保證功能性的同時，起到調節遊客視線的遠近、產生空間的變化，進而呈現景觀序列變化的作用。附屬設施的顏色、材質、形式、體量都要仔細推敲，要有一定的創新性，同時要與整體保持一致。按附屬設施的性質不同，可將其分為指示設施、解說設施、休憩設施及公共服務設施等幾大類，各附屬設施的設計也有各自的要點。

4.4.8.1　標示系統設計

一般來說，標示系統的設計主要是為遊客在旅遊環境中的行為提供指引，主要設置在交通主、次旅遊路線和步道的連接點處，能夠為遊客指示方向或者給予位置提示。除此之外，還應該有明顯的解說標誌牌來說明生態景區的顯著特徵。標示系統設計應注意以下要點：

①在步道入口處設立包含步道基本信息的標誌牌，標示步道線路圖及相關注意事項。如果不設立解說牌示，也可在步道邊設立號碼標誌，讓遊客自己查對手冊。

②在步道沿線合適距離設立解說設施，保證遊客所在的距離可以清晰地看到解說的內容。解說的內容應簡單易懂，並按順序編號，可採用圖文並茂的方式以方便遊客查找。此外，在沿途的交叉口必須要有方向的指示標示。在多處地點指示同一方向時，應清楚標示在同一版面上，以避免零碎多塊版面指示造成視覺的混亂。

③在標示系統的材質選擇上，以天然材質為優先選項，盡可能地融合於步道的自然環境，符合步道的環境特性，但不得將指示牌、解說牌等設施直接釘於自然景觀資源上。

④標示系統的設置應選擇合適的地方，避開強風處、地質

滑動處等危險地段。若步道的使用強度較高或者位於生態脆弱的地區，有重要的資源需要保護，應在鄰近休憩點設置解說指示手冊，通過解說員、折頁等方式進行指示與解說。

4.4.8.2 公共服務設施元素設計

公共服務設施主要包括休息用的亭子、座椅、公共衛生間、垃圾桶、照明燈等，設計步道的附屬設施應注意以下要點：

①設計公共服務設施時要考慮許多因素，例如服務半徑、步道的長度和坡度、步道周圍環境的情況、遊客體能狀況及地質結構等。

②設計休息點需要認真實地考察現場的環境，參考步道的長度和步道周邊分佈景點的特徵，設計活動廣場和觀景臺時也要方便遊客在遊玩途中的休息。

休憩亭臺——亭臺不單單是為遊客提供休息停留、觀賞美景的地方，還可以為公園增添美景。休息的亭臺要設置在視野比較開闊的公園眺望點，人為創造視覺點，也可以設置在步道中間休息的地方，提供讓遊客休息和躲避風雨的設施。休憩亭臺應該建在視野寬闊、有綠蔭、臺階爬坡轉折的地方，步道的起點和終點或者是活動比較集中的地方，不宜建在地質結構不好的地方。此外，休息亭臺需要控制形狀大小，能夠跟周邊環境相融合。

休憩座椅——休憩座椅是人們使用最多的設施，其設計要求是舒適、安全、合理。與休憩亭臺相似，它不可設置在危險處、風口或無遮陰的地方。此外，為配合森林公園總體的形象，其應用材料要以當地的傳統材質為主，以便能和周圍的環境相一致。

衛生間——基本集中在停車場、主要休息點、遊客服務中心，或者是遊步道開口處或者住宿設施附近，要注意避開主要的視覺線。

4.4.9　森林康養步道產品設計

森林康養步道產品設計是指將周邊文化內涵進行挖掘、梳理、凸顯、整合，通過對步道鋪裝、步道及其附屬設施例如標示系統、座椅、園燈、圍欄等的藝術性設計，突出審美情趣，提升附加值，形成完整有主題的有機產品，體現步道的文化性和歷史性。

①突出主題、塑造品牌

步道產品是線性景觀產品，步道主題是打造步道的中心思想，是需要完整地傳達給受眾的特定信息。步道主題可以是區域的自然歷史文化和服務內容，可以體現為步道上的建築小品、綠化小品等。文化的注入與主題的突出有利於步道產品品牌的建設和塑造。品牌產品是旅遊產品系列的導向性產品，對市場有引導作用，可以展現和強化旅遊地的形象。品牌的塑造有利於擴大步道產品的市場佔有率，也強化了旅遊地形象。

②以人為本、休閒體驗

步道產品的規劃設計應以人為本，全方位滿足遊客需求，瞭解市場消費趨勢，對潛在需求進行引導。目前與步道產品相聯繫的休閒文化、「樂活」文化、遠足文化、生態文化，對產品的開發具有重要的意義。步道產品引導的是一種健康休閒的生活理念和生活方式，迴歸自然、迴歸生命的本質，因此休閒體驗始終是步道產品的重要開發方向。

4.5　小結

如今森林康養步道的設計已經不能局限於功能導向，需要通過各種園林藝術設計手法的綜合運用，使步道充分與地形、

水體、植物等有機結合，並運用形式美設計法則，在步道的鋪裝選材、色彩、樣式等方面根據實際情況創造自然和諧的森林康養遊憩氛圍。

　　不僅如此，森林康養步道詳細設計還需要對景區生態保護、遊客體驗、文化傳承、美觀性等各方面的因素加以考慮。另外，景區內旅遊項目的布置對森林康養步道設計有直接影響。從自然角度出發，步道設計應最大限度地遵循因地制宜原則，盡量減少人工景區（針對自然景區），以遊客的體驗為根本出發點，結合環境心理學、人體工程學等專業學科知識進行遊線設計及節點設置；從歷史文化角度來說，仍然需要與整個景區（針對文化主題景區）契合，滿足設計協調統一的要求。

Part 5　森林康養步道案例解讀

在中國，以森林公園為依託的森林旅遊事業得到了迅猛發展，並呈現出強勁的發展態勢和美好的發展前景。

5.1　溫嶺森林康養步道

浙江溫嶺是中國大陸新千年、新世紀第一縷曙光照射地，三面臨海、三面環山，山海兼秀，景色優美，旅遊資源非常豐富。溫嶺森林康養步道建設旨在通過規劃使步道線路與自然融為一體，以增加遊客的觀賞興趣和觀賞慾望。此項目工程的特點是途經多處旅遊景點，通過旅遊步道的形式可以串聯起各個山體景觀，將城市步行空間格局與鄉野、山體連結起來。

按照規劃，步道全長約 30 千米。沿著步道途經多處旅遊景點，如下保山公園、北山廟、北山公園、三清觀、虎山公園等。森林防火路徑及村莊健身路徑是溫嶺陸路觀賞城市風光的主要路線。充分依託當地現有的自然景觀，在保留原有植被、山形地貌的基礎上，盡可能減少人工雕琢的痕跡，爭取做到新建設施與保護自然環境相結合，突出城市風貌。走在步行道上，使人感到段段有特色、處處有變化，增加了遊客的觀賞興趣和觀賞慾望，使新建工程很好地與自然融為一體。近幾年，旅遊熱

潮正從一般的城市公園轉向森林公園，森林公園作為森林生態的一種形式，以千姿百態的生態景觀來吸引遊客到郊外旅遊。

5.2　福州森林康養步道

　　素有「全球生態花園城市」美譽的新加坡，有著一條長約1.3千米的亞歷山大城市森林步道，在建築界堪稱一絕。在福建福州這座擁有2200多年歷史的古城所擁有的一條總長19千米的福州城市森林步道也不遜色。作為全國最長的城市森林步道，該步道榮獲了2017年「國際建築大獎」，是此批國內唯一獲獎的建築。這條位於福州市中心城區的森林步道，還有個十分好聽而又有意境的名字——福道，寓意「福蔭百姓，道法自然」。福道東北接左海公園環湖棧道，西南連閩江廊線（國光段），主軸線長6.3千米，環線總長約19千米，橫貫象山、後縣山、梅峰山、金牛山等山體，貫穿左海公園、梅峰山地公園、金牛山體育公園、國光公園、金牛山公園等五個公園。福道主體採用空心鋼管桁架，系全國首創鋼架鏤空設計，橋面採用格柵板，縫隙在1.5厘米以內。該設計既可滿足輪椅通行，也可讓步道下方的植物充分吸收陽光，利於生長，能夠最大限度地保護生態環境。在環線懸空棧道上，增設有景觀電梯進行接駁，以縮短繞行時間。同時，為確保遊客能快速便捷地往返，福道著重考慮將懸空棧道、登山步道和車行道對接形成環形系統。在設計上，步道珍珠般地串聯起十幾處自然人文景觀，如杜鵑谷、櫻花園、紫竹林、摩崖壁、蘭花溪等，是福州市首條城市山水生態休閒健身走廊。在福道上漫步，可將最美的山水景觀盡收眼底，置身其中，猶如穿梭在空中的森林公園。為方便遊客快速進出福道和遊覽觀光，福道還設置了十個出入口，這些出入口皆與城區的主次幹道相連，其中有五個出

入口與公園景點相連。不僅如此，福道項目在建設的同時也考慮到了周邊的環境建設：比如將原有荒廢的採礦場改造成新的遊客中心，成為福道的景點；將巴士停車場改造成餐飲中心，使之成為福道的主入口……這些建設也代表著福道與城市關聯，為城市的經濟發展做出貢獻。作為一條覽城觀景、休閒健身的步道，福道每兩百米之間還設有休憩廳、觀景臺和茶亭等休閒場所，提供 WiFi 遊客上網功能，在休憩點配備了 WiFi 面板可供遊客查閱交通情況，為遊客提供更人性化、更優質的公共服務設施。在安全方面，福道所有出入口處都安裝了視頻監控，實現了日常常規監控及人流量智能分析統計，同時在設計時還融合了一鍵求助、應急廣播、森林火災監控等系統。如今，包含福道在內，福州共建設了二十多條休閒步道。這些步道都充分利用自然中的山水生態資源，有的依山，有的臨水，有的環湖，將自然山水、人文資源、開放空間和公共綠地有機融合，因地制宜且各具特色。正是這些步道，讓福州擁抱森林，讓城市在森林中無限蔓延。隨著城市中人們對生態之路的更深層次需求，依託步道，可以促進旅遊開發，使城市步行空間格局逐步與鄉野、山體聯繫起來。

5.3 武夷山國家森林步道

武夷山國家森林步道穿行於閩贛交界處，串聯起了兩省的雙重遺產地，見證了今天與歷史的對話。徒步者在這裡可以見識到世界同緯度帶現存最完整、最典型、面積最大的中亞熱帶原生性森林生態系統。武夷山國家森林步道呈東北—西南走向，全長約 1160 千米。步道南端位於福建省武平縣，經福建龍岩、三明、南平三市，後過江西上饒，再沿閩贛浙三省交界的仙霞古道，向北延伸到浙江省遂昌縣。步道沿線丹霞地貌十分典型，

層巒疊嶂，許多山峰海拔在 1000 米以上。步道沿途文化特色鮮明，是世界著名的理學名山，是客家文化聚集地，歷史遺跡眾多，擁有眾多的古道、關隘。

5.4　奧多摩森林康養步道

奧多摩森林康養步道位於日本東京都，是以森林康養為主旨的登山步道，更是對當地森林浴基地升級與林區空間改造的一次嘗試，可為其他森林康養基地建設與人工林地開發提供更多的啟示與思考。奧多摩地區以其豐富的森林資源聞名，是天然的森林康養佳地。登山步道作為康養基地內的重要部分，其開發理念就是將森林的優美環境與步道結合併賦予其「森林客廳」的功能，將登山道路打造為基地中的森林康養步道。遊客置身其中，不僅是在登山行走，更是身心上的療養與休憩。該森林步道是一種人工森林的開發方式。步道範圍內的人工林雖然在樹種種類上相對單調，以柏樹與杉樹為主，但經過日本森林研究所的測量，人體在吸入杉柏類樹木所釋放出的香氣之後，可以穩定情緒、降低血壓。森林康養步道具有減輕心臟負擔、抗氧化、使緊張的神經系統放鬆等多重醫療功效。這一案例提醒我們，中國的許多人工林都可以加以開發利用，在經過合理有效的開發後，可以在經濟效益與生態效益上釋放巨大的潛力。

5.5　玉屏山森林康養步道

四川首批森林康養示範基地玉屏山，海拔 1200 米，與柳江古鎮和醉花溪海拔高差 600 米，森林覆蓋率達 93% 以上，年平

均氣溫 16℃；空氣負氧離子含量高達每平方米 60,000～80,000 個，PM2.5 幾近於零。其中植物種類眾多，涉及 25 科 30 屬共 50 種植物，其中國家一、二級保護植物 3 種，偶有野生動物嬉戲其間，區內山勢峻秀，陡崖環繞，溪谷幽深，飛瀑流泉眾多，高山湖水蕩漾，人工森林浩瀚，生物多樣性完好，生態系統健康，佛寺遺址、摩崖石刻歷史悠久。玉屏山森林康養步道總長 4300 米，根據森林療養和有氧運動醫學科學佈局，依山勢而建；由神鷹繞梁臨崖觀景步道、蟬唱玉屏體驗步道、親水戲水感悟步道組成。漫步其間，聆聽天籟，忘卻瑣事，淨化心靈；登高望遠或傍水休憩，打開胸懷，舒緩情緒和壓力，舒經活絡，調養身心。既有傍谷清泉上流的雅致，又有臨崖流雲飛度的雄渾；在欣賞美景的同時，可以普及森林生態知識，還可以實現治療、預防、康復、保健的目的；通過運動身體和調控情智，在森林氧吧的沐浴中達到天人合一的境界。

5.6 鬼谷嶺森林公園步道

5.6.1 鬼谷嶺森林公園步道整體佈局設計

5.6.1.1 生態保護

森林公園最主要的功能是對於生態系統的保護以及宣傳，其建設是長期以來人們對森林環境被破壞造成嚴重生態後果的一種認識和反思，也是物質生活豐富後人們向往健康、舒適生活環境的一種願望。

因此，森林公園本質上是一種生態公園，生態性原則也就成為其最根本的設計原則。鬼谷嶺森林公園步道的景觀規劃以生態學理論為指導，以體現自然、改善和維護景區內生態平衡

為宗旨，達到生態效益、社會效益統一，充分發揮植物的景觀功能、遊憩功能、保健功能、防護功能和文化功能，形成季相各異的植物景觀。

5.6.1.2 景觀與文化融合

景觀設計上緊扣「鬼谷子」這一主題，重點突出鬼谷文化、道家文化、先秦文化。景觀設計手法上充分應用有關鬼谷子生平的歷史傳說故事展示其智慧和思想，從遊覽線路、遊覽順序、景點特色上充分考慮各種相關素材，如鬼谷子幼年生活、鬼谷子學藝、鬼谷子下山、鬼谷子授徒、鬼谷子出秦入楚、鬼谷子遊說君主等典故，用景石刻字、亭匾額、對聯、場景雕塑、故事景牆等形式充分表達出故事意境，讓旅客在遊覽中瞭解鬼谷文化和鬼谷子的思想內涵，從而瞭解先秦時期的歷史。

5.6.1.3 森林公園遊步道的功能

本質上森林公園步道與傳統園林中的園路、城市公園中的步道有所不同，因此本項目有六個方面的功能特徵，即交通功能、科教功能、安全功能、空間分隔功能、生態景觀功能及文化功能。

5.6.2 鬼谷嶺森林公園步道詳細設計

木材、石材、鋼材和鋼筋混凝土等多種材料在鬼谷嶺步道中都有應用，通過步道的形式、材質、線路布置等表達設計概念，讓遊客以步道為媒介，感受漫步的樂趣，體驗自然與生態的魅力。

5.6.2.1 坡度設計

鬼谷嶺森林公園遊步道設計總長度為 2.7 千米，其中平坡≤10°（共約 450 米）、緩坡為 10°~27°（共約 1936 米）、陡坡≥27°（共約 409 米），具體分析如下（如表 4-3 所示）：

表 4-3　鬼谷嶺森林康養步道坡度分析表

坡度	地形特徵	適宜運動項目	適宜建築類型	適宜景觀類型
0°~10°	緩坡	自行車、徒步	綜合服務類	開闊地、風景林、疏林草地、運動區域
11°~20°	中坡	山地自行車、徒步、登山	臺地建築、小型建築	臺地景觀、棧道景觀、原生植物景觀
21°~90°	陡坡	登山	山地景觀類建築小品	原生植物景觀、步道棧道景觀

通過坡度分析，可得出鬼谷嶺森林公園的坡度大小、分佈區域、坡度特質等，鬼谷嶺森林公園的步道設置坡度範圍為 11°~20°，根據設計主題和景觀資源分佈，選擇了不同的坡度對步道進行合理布置。

5.6.2.2　破石步道

該段步道的鋪裝採用 600×600×150 毫米破石板。鋪裝整體形式古樸，鋪裝整齊而靈動，是生態與實用的有機結合。該處景點覆蓋面較廣，且地形變化豐富，是最能突出體驗主題的步道路段類型。步道寬度為 3 米，表面進行了鑿毛處理。踏步高度為 150 毫米，踏面寬度為 350 毫米。結合層採用 30~50 毫米厚水泥砂漿，墊層自上而下為 100 毫米厚 C15 混凝土、150 毫米厚 3：7 灰土。

5.6.2.3　頁岩步道

該段步道的鋪裝採用 600×300×150 毫米頁岩片。鋪裝整體是破石步道的補充與延伸，讓遊客在感受自然與人文景觀的同時，享受漫步的樂趣。步道寬度為 3 米，表面進行鑿毛處理。踏步高 150 毫米，寬 350 毫米。結合層採用 30~50 毫米厚水泥砂漿，墊層自上而下為 100 毫米厚 C15 混凝土、150 毫米厚 3：7 灰土。

5.6.2.4 青石步道

該段步道的鋪裝採用 600×300×300 毫米青石板。鋪裝整體具有自然美。青石板材很好與周邊自然景觀相融合，不僅展現了人造的藝術美感，還更多地保留了其天生麗質的自然美，給人一種濃烈的返璞歸真感。步道寬度為 2 米，結合層採用 30 毫米厚水泥砂漿，墊層自上而下為 100 毫米厚 C15 混凝土、150 毫米厚 3∶7 灰土。

5.6.2.5 玻璃步道設計

該段步道的鋪裝採用「8+3+8」安全夾膠玻璃。鋪裝整體採用夾膠玻璃，遊客可以更好地欣賞周邊自然風光，還可以體驗山坡下的陡峭，與自然融為一體。遊步道寬度約為 3 米，兩側 20 毫米厚石板加固，1.2 毫米磨砂不銹鋼板收邊，設置 50×70×1.5 毫米不銹鋼扶手。

總體而言，根據步道的坡度設計，將地形特徵分為緩坡、中坡、陡坡三大類型，由此得出適宜的運動項目、建築景觀小品和景觀類型，從而進行合理的設計安排。根據坡度設計將鬼谷嶺步道分為平坡型、緩坡型、陡坡型、架空型四種路段，並選取典型路段對三個不同級別的步道進行設計，從而達到步移景異的效果。

Part 6　實踐探索：森林康養步道規劃設計

在前文的基礎上，為使森林康養步道研究更具指導性，下面結合森林康養步道的設計方法、原則等在不同項目中進行的實踐探索，來進行更深一步的論證說明。

6.1　石城山森林公園康養步道概念規劃

6.1.1　項目背景

6.1.1.1　區位條件

石城山森林公園位於宜賓市宜賓縣橫江鎮境內，北臨雲南昭通市水富縣，是宜賓通往雲南的南大門。公園距宜賓市區51千米，距宜賓縣城44千米，若渝昆高速公路建成通車，由宜賓駕車只需30分鐘即可到達景區入口（圖6-1）。

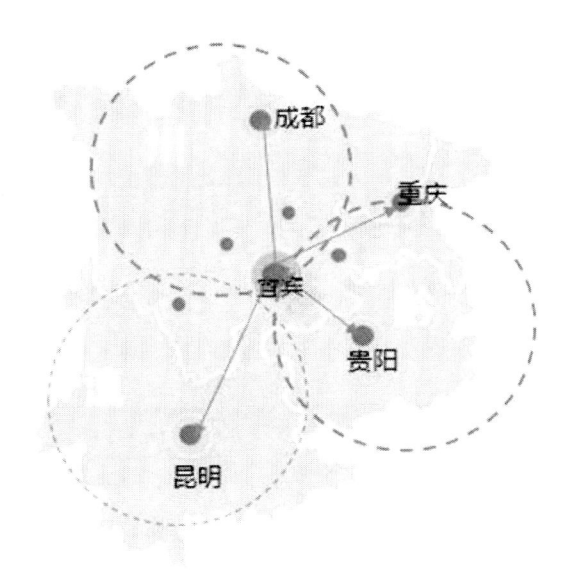

(a) 石城山森林公園在西南的區位

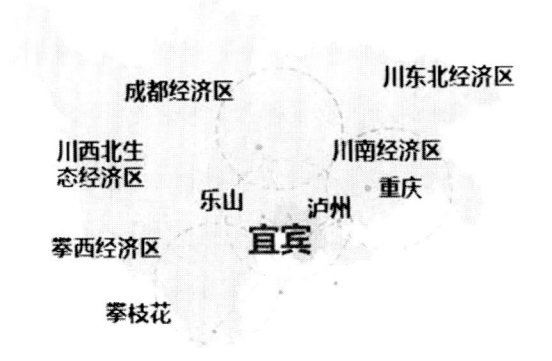

(b) 石城山森林公園在四川省的區位

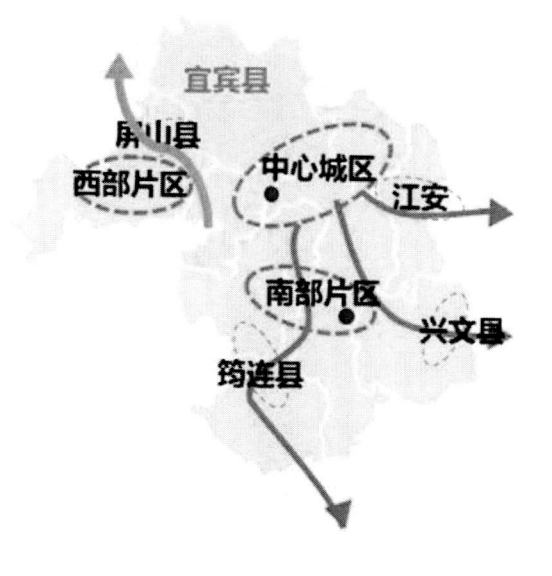

(c) 石城山森林公園在宜賓市的區位

圖 6-1　石城山森林公園區位示意圖

6.1.1.2　規劃範圍

項目設計範圍占地面積約 4.45 平方千米，包括石城山森林公園（4.23 平方千米）及東寨門山下部分場地（0.22 平方千米），如圖 6-2 所示。

6.1.1.3　區域背景

①生態背景

這是一個於 1992 年經原國家林業部批准的省級森林公園，系長江風光帶上別具特色的風景名勝之一。公園地處宜賓市南部，距宜賓市 51 千米，距宜賓縣城 44 千米，與雲南水富縣城相距 26 千米。總面積 5500 畝（1 畝≈666.67 平方米），其中森林面積 4100 畝左右。這裡山勢由西南向東北傾斜，錯落有致，氣勢磅礴，氣候溫和，四季分明，海拔 840~1115.9 米。氣溫低於山下 6~7℃，是夏季最為理想的避暑勝地（圖 6-3）。

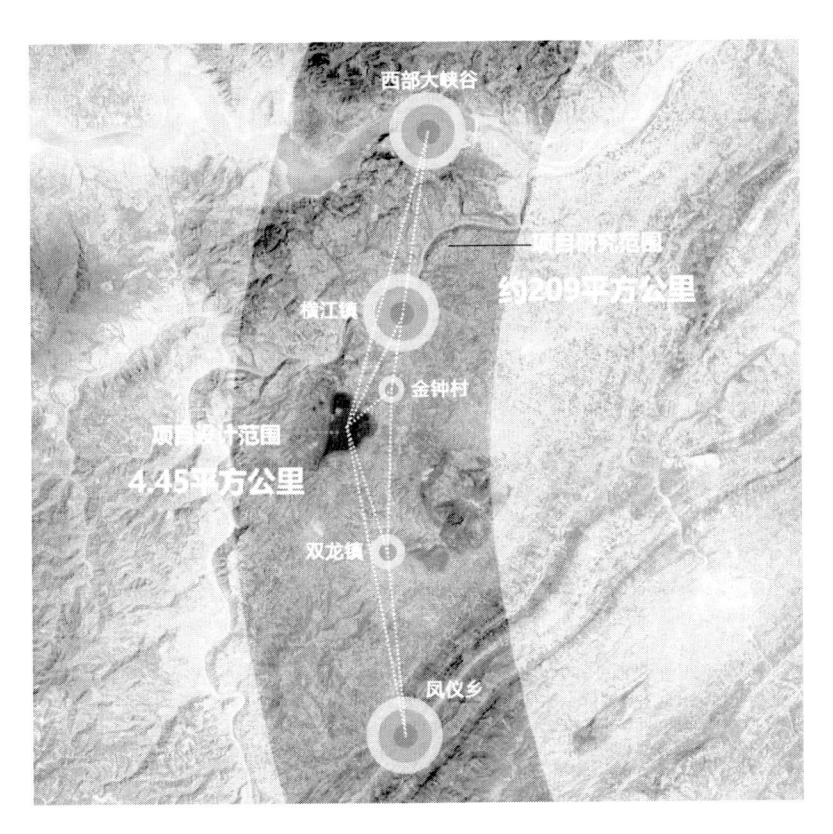

圖 6-2　石城山森林公園項目範圍示意圖

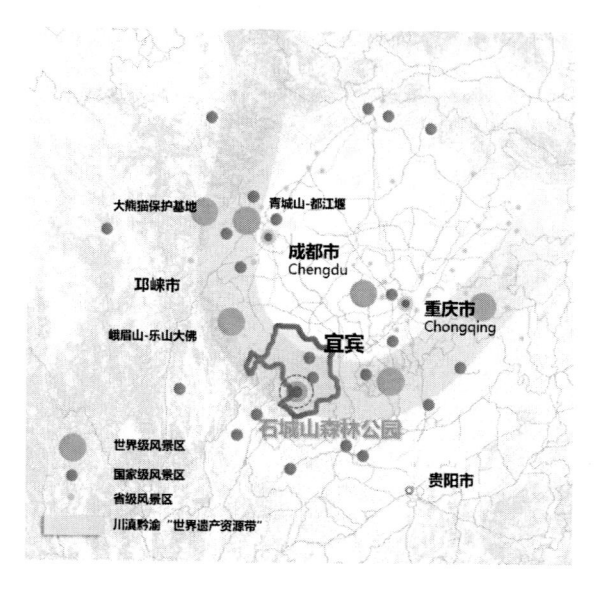

(a) 四川地區風景區示意圖

(b) 宜賓市森林公園發展規劃（2013—2022）

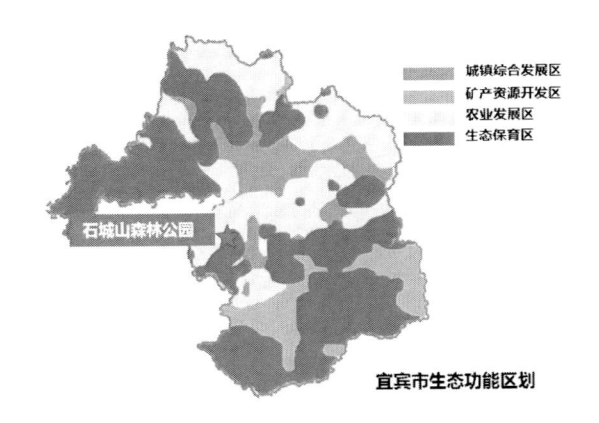

（c）宜賓市生態功能區劃

圖 6-3　石城山森林公園生態背景示意圖

②旅遊背景

建立集自然生態—歷史文化—民族風情—養生休閒為一體的宜賓旅遊休閒產業體系，開發包括觀光、休閒、度假、養生、美食、探險等多樣化的旅遊產品，打造多條旅遊景觀線路，推進主要交通線路沿線城鎮、村莊景觀風貌綜合整治，構建具有國際影響力的休閒度假旅遊目的地，如圖6-4、圖6-5所示。

6.1.1.4　人群健康需求

截至2016年年底，全國以森林公園、濕地公園、沙漠公園為代表的各類自然風景旅遊地數量超過9000處，總面積約150萬平方千米，超過國土面積的15%，全國森林旅遊遊客達到12億人次，占全國旅遊總人數的27%。2017年上半年，全國森林旅遊遊客近7億人次，同比增長16.7%。基於此趨勢，加上現代社會亞健康人群和精神病人群的比例越來越高，癌症人群和老年人群的人數不斷上升，森林康養的需求在不斷擴大，如圖6-6所示。

Part 6　實踐探索：森林康養步道規劃設計　85

圖 6-4　宜賓市旅遊景觀線路示意圖

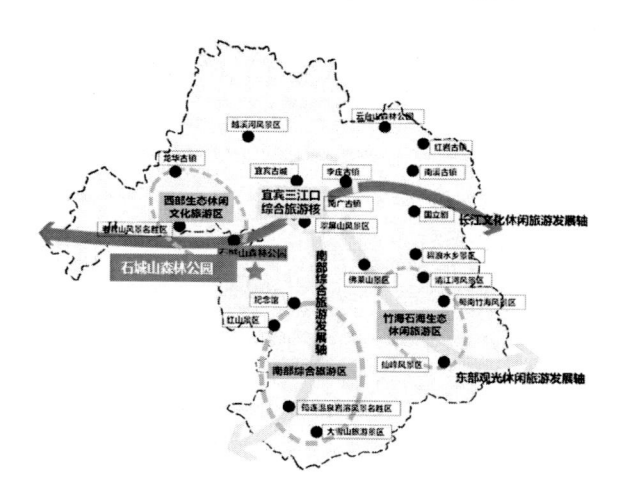

圖 6-5　《宜賓市旅遊發展規劃（2020）》景區示意圖

　　擁有良好生態環境及豐富資源的森林，在健身、保健、療養、醫療等方面的功效受到推崇。近年來逐漸興起的森林浴養生、中醫藥養生、膳食養生、文化養生、溫泉養生、運動養生等活動逐漸受到大眾喜愛。

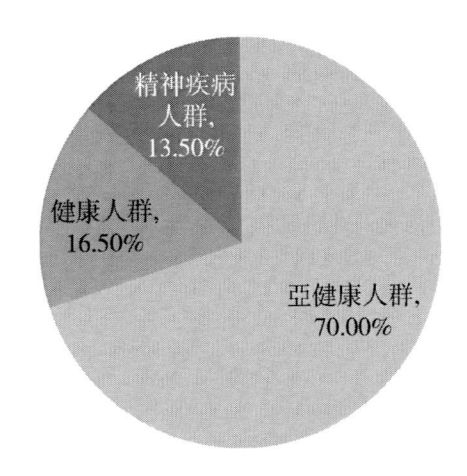

(a) 精神健康議題人群

數據來源：世界衛生組織

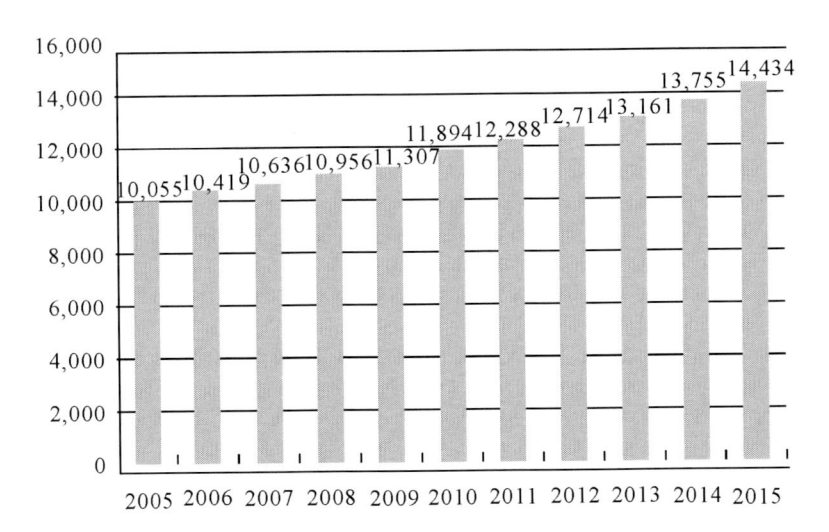

(b) 老年人群

圖 6-6 不同人群健康需求圖

數據來源：中國民政局

6.1.1.5 項目解決核心

基於之前對於項目背景的解讀和相關問題的剖析，總結出以下項目方案的核心問題：

在森林康養步道的規劃設計上，如何保護基地資源的原生性，平衡森林的開發與保護。

在森林康養步道的選線佈局上，如何更好地通過森林康養步道沿線建立「森林康養」產業新業態，釋放經濟潛能，產生社會效益。

在森林康養步道的串聯上，如何對接周邊資源，實現區域聯動。

在森林康養步道的具體設計上，如何挖掘與石城山森林公園項目規劃與設計相契合的新理念與新創意，充分體現地域文化。

6.1.2 基礎研究

6.1.2.1 自然生態格局

①氣候環境

石城山年平均氣溫為 12.7~14℃，最高月均氣溫為 23.1~25.8℃，最低月均氣溫為 1.2~2.5℃。

②土壤現狀

該地區土壤以黃棕壤為主，剖面中含黏粒量較多的黏化層，土體內有鐵錳結核。

③地形地貌

石城山山勢由西南向東北傾斜，地貌呈淺丘狀，高差 250 米以上，海拔 650~1130 米。

④植被覆蓋

石城山森林資源豐富，是原生林與次生林混交的針闊葉混交林。植物有 87 科 327 種，珍稀樹種有楨楠、香樟、紅豆、錐

栗等，灌木有油茶、杜鵑、木姜子、鐵仔等，竹類有水竹、苦竹、慈竹等10多種，其中楠竹有3.25萬株，圖6-7所示。

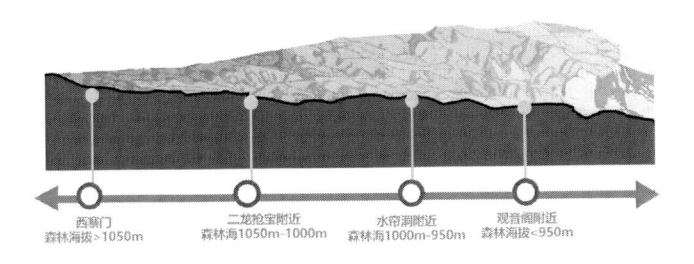

圖6-7 森林資源

⑤水文和水系

石城山現存水庫面積均不大，儲量較小且分佈不均；地表徑流水量不大，且因修路等緣故，水質受到影響，景觀效果也較差。除此之外，區域內有貫穿半個景區的水系，形成個別幾處風光優美的高山湖泊。仙女湖、水簾洞是該區域景觀資源的核心與標誌，而高山溪澗能提供純淨且供飲用的山泉，如圖6-8所示。

6.1.2.2 道路交通體系

規劃範圍內道路現狀較為複雜，大致分為水泥路和瀝青路兩類，某些路段尚未完工，某些路段維護較差，路況不一，道路系統缺乏整體規劃，如圖6-11所示。

如圖6-12所示，項目基地周邊基礎設施完善，交通便捷，且能形成聯動效應，適宜開發。高速公路、省道、縣道以及還在規劃中的快速通道、旅遊專線構成了完善的網路。東寨門進山旅遊步道與西寨門公路的連接道暫定為八米寬的道路。

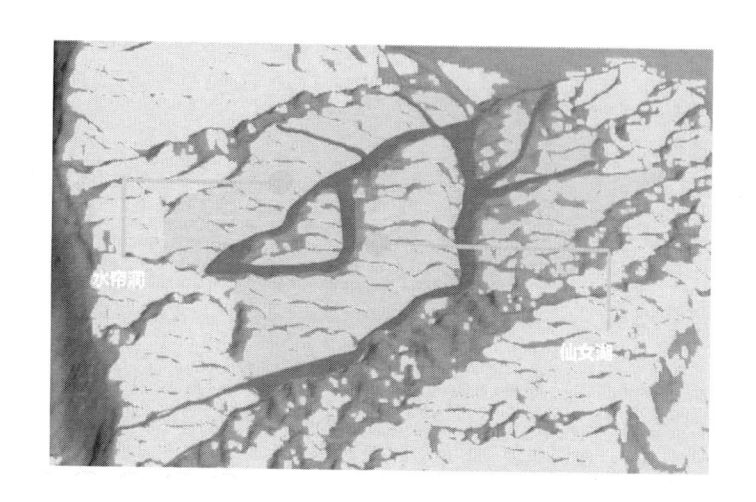

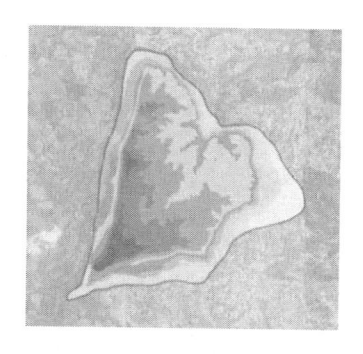

森林格局————林叶茂盛，错落有致　　周边条件————数量众多，景观多元

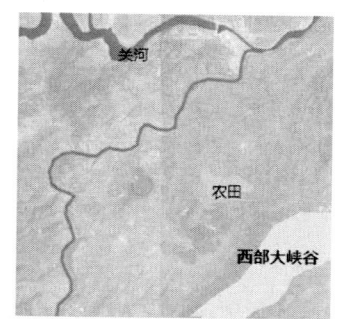

基地内部林地众多，基本分为原生林与次生林两大类

基地周边自然景观丰富且多元化。形成区域联动，景观呼应

圖 6-8　水系

90　森林康養步道設計與實踐

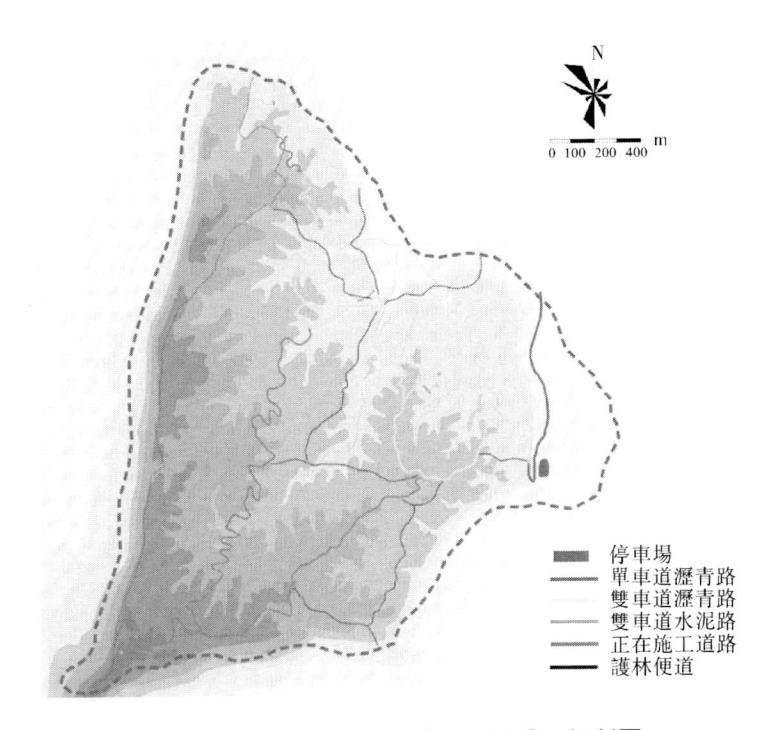

圖6-9 石城山森林公園道路交通體系規劃圖

圖6-10 石城山森林公園周邊道路交通體系圖

Part 6 實踐探索：森林康養步道規劃設計 | 91

6.1.2.3 旅遊資源概況

石城山森林公園旅遊資源概況如表 6-1 所示。

表 6-1 石城山森林公園旅遊資源概況

旅遊資源類型	資源種類	景觀節點
地文景觀	洞穴、丹崖、山地	三股水、觀子洞、水簾洞、金雞窩米、洞門觀瀑、二龍搶寶、石笋
水文景觀	水庫、瀑布、濕地、堰塘	三股水、仙女湖水庫、麻溪水、黃葛水庫、仙鵝湖、石人溝、獅子頭水庫
生物景觀	農田、樹林、景觀樹、鳥類、魚類、獸類	以次生林、人工林、梯田、竹林為主，動物以山飛雞、獼猴、野豬為主
天象與氣候景觀		日出、日落、雲海、雪景、晚霞、明月，除景點外還有約 10 個
遺址遺跡景觀		觀音閣、古棧道遺址、雲臺寺遺址、北寨門、二橫岩平蠻碑、都官洞、梯子岩、雨師廟、藏軍洞、萬松寺、靈光殿、西寨門、南寨門、隱形大佛
建築與設施景觀		避暑山莊、中山詩書畫苑、萬松樓、獅子頭護林點
人文活動景觀	佛教寺廟、避暑山莊、書畫苑	石城一戰、茶馬互市、觀音廟會、避暑山莊

6.1.3 目標定位

在石城山森林生態資源的基礎上，借助西部大峽谷自然生態資源，打破縣域框架，以向家壩（水庫工業文化）、橫江鎮（古鎮文化）、鳳儀鄉（憶苦思甜遊）、雙龍鎮（蟠龍湖濕地公園）為配套旅遊景點，帶動金鐘村水果產業，與石城山森林公園一起形成石城山古鎮驛道旅遊區，同時打造突破傳統單線旅遊的精品旅遊帶，形成整體聯動、互利共贏的大格局。

為此，採取策略如下。

6.1.3.1 策略一

利用區域旅遊聯動效應，創造互利共贏良好局面（如圖 6-11 所示）。

①線路共建：在區域旅遊聯動過程中石城山森林公園處於核心位置，因此在旅遊活動的組織上，不能僅僅是做「點」，而應該聯動成「線」。

②形象共宣：將向家壩金沙平湖景區—橫江古鎮—石城山森林公園—蟠龍湖濕地公園—鳳儀白毛女故鄉打造成精品旅遊線路，形成整體聯動、互利共贏的大格局。

③產品互補：通過產品互補實現資源的最大化利用，全方位宣傳一個城市群的整體旅遊形象，促進區域旅遊一體化和國際化進程，增強整體旅遊實力和國際競爭力。

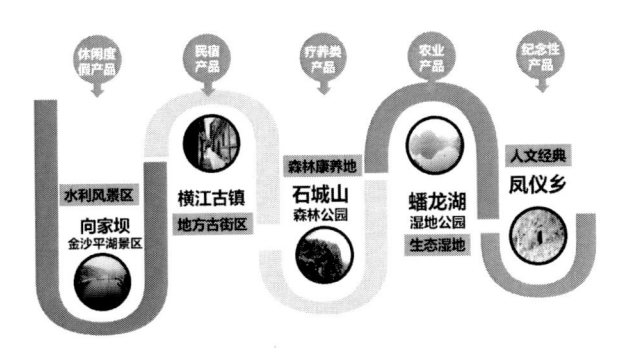

圖 6-11　石城山森林公園競爭力提升策略分析圖

6.1.3.2　策略二

探索森林康養發展模式，多維度延伸康養內涵。

突出「一個中心、四種途徑」的森林康養模式，即以健康管理為中心，以森林養生、療養、康復和休閒為途徑。

①以人為本：強調滿足不同人群對不同健康層次的需求，有針對性地開展康養活動，通過精準的健康檢測瞭解個人健康狀況，建立起個人健康管理檔案，為實施精準康養和終身健康管理奠定基礎。

②以康為宿：「康」的保障在於優質森林資源的「優」要有數據，準確健康體檢的「準」要有保障，技術精良的康養從

業人員的「精」要有國家職業資格認定,其最終目的是恢復、維護和促進人體健康,實現人類的健康長壽。

③以養為要:通過天然的疾病康復途徑開展森林康復,融合現代醫學和傳統醫學,通過設置康療中心和精神療養中心,結合一些戶外項目,動靜結合,達到養身、養眼、養心、養顏、養病的目的。

④以林為基:擁有優質的森林資源和充足的「兩氣一離子」,即氧氣、植物精氣和空氣負離子,設置一系列森林浴等活動,能在一定程度上提高機體免疫力。

6.1.3.3 策略三

低影響開發維護綠色生態環境,多樣性空間營造康養活動。在尊重自然本底的前提下,將休憩、靜思、停駐、體驗、娛樂等植入空間,滿足不同人群、不同層次的需求,如圖6-12所示。

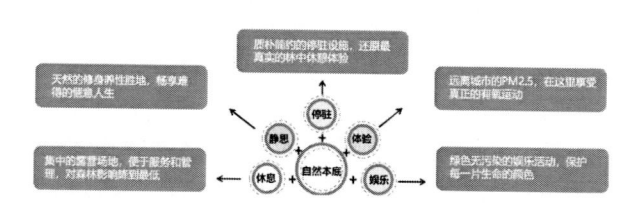

圖6-12 石城山森林康養步道規劃策略示意圖

6.1.3.4 策略四

健全康養產業發展體系,凸顯「森林康養」品牌價值。在森林康養步道沿線構建起精神療養中心、森林康養理療中心等機構,通過森林浴、森林冥想、森林瑜伽、森林漫步等一系列活動構築康養體系,突出康養特色;並通過紙質媒體、網路媒體和實體的聯合宣傳驅動,提升石城山森林康養品牌效益,如圖6-13所示。

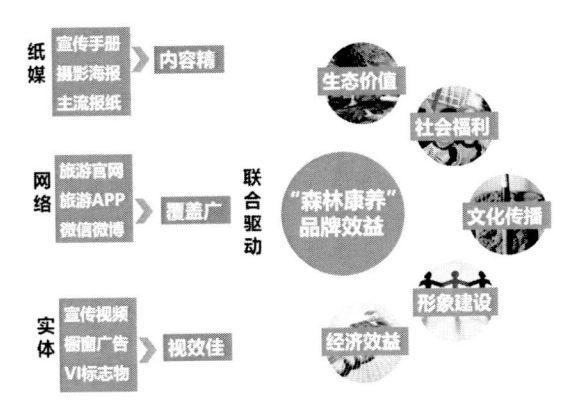

圖 6-13　石城山森林康養品牌提升示意圖

6.1.4　項目策劃

6.1.4.1　森林康養浴場

森林氧吧的開發建設追求「原汁原味、返璞歸真」的理念，在森林中找一塊地勢較為平緩的平地，通過森林康養步道的串聯，開展森林 SPA、森林瑜伽、森林冥想、森林太極、森林閱讀、森林浴等多種活動。

在曲水流觴（仙女湖—石人溝—三股水溪水）所在的峽谷，充分利用山地、森林和溪水資源打造叢林綠谷。整理河道，使溪水更加廣闊，以木棧道及若干親水準臺為載體，實現康養步道與森林環境的絕妙融合。其間可進一步開展親水、戲水、賞水等遊憩活動。

6.1.4.2　森林康養精神信仰之旅

禪韻漫道的規劃設計主要依託良好的原生森林環境，通過自然低影響的步道開發，打造一種天人合一的沉浸式遊覽體驗，旨在引導人們領悟禪道、感悟人生。

6.1.5 總體規劃

6.1.5.1 設計框架

本次規劃在用地適用性評定的基礎上，理性劃分基地核心景觀區、一般遊憩區、生態保育區、管理服務區。並借用凱文·林奇《城市意象》中關於建立空間形象識別性的五個關鍵性要素——路徑、區域、邊界、節點、標誌，形成整體空間結構骨架，如圖 6-14 所示。

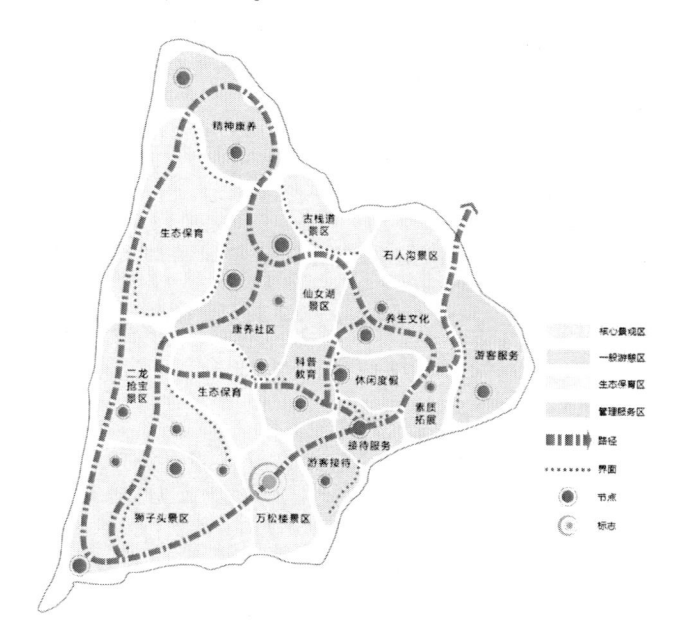

圖 6-14　石城山森林公園功能節點分析圖

6.1.5.2 總平面圖

總平面圖如圖 6-15 所示。

① 游客中心　⑩ 科普展览馆　⑲ 双龙吐翠　㉘ 石城佛现
② genvitality营管　⑪ 中药植物园　⑳ 云栖竹径　㉙ 金鸡哢米
③ 仙女湖　⑫ 美食街　㉑ 满森社区　㉚ 洞门观瀑
④ 中山诗书画院　⑬ 跳蚤市场　㉒ 深度修复院落　㉛ 韶台洞
⑤ 避暑山庄　⑭ 万松坡　㉓ 精神疗养中心　㉜ 梯子岩
⑥ 聚贤祠　⑮ 南山云海　㉔ 一夫当关　㉝ 金锁钓水
⑦ 养生木屋　⑯ 钟鼓山林　㉕ 水月洞天　㉞ 森林浴场
⑧ 风情酒店　⑰ 曲径听风　㉖ 九天悬瀑　㉟ 曲水流觞
⑨ 特色民宿　⑱ 石城夕照　㉗ 观音阁　㊱ 在水一方
⑳ 绿野仙踪　　　　　　　　　　 　 ㊲ 韩军古道　㊳ 听风台

	长度(m)	宽度(m)	面积(m²)
一级道路	13 943	6	83 658
二级道路	7785	4	31 140
游步道	8020	1.5	12 030
栈道	9780	1.2	11 736
捶素	—	—	35 036
植物	—	—	67 630

	管理服务区	接待康复疗养区	养老社区	其他区域	合计
建设用地面积(hm²)	2	4.5	3.5	3.5	13.5
建筑面积(m²)	1444	22 890	6000	2000	32 334
地面车位数	482	60	80	—	622
床位数	—	1500—2000	460—720	1360—2040	3340—4760

圖6-15　石城山森林公園總平面圖

Part 6　實踐探索：森林康養步道規劃設計　97

6.1.6 道路系統規劃設計

6.1.6.1 總體道路規劃設計

總體道路規劃設計如圖 6-16 所示。

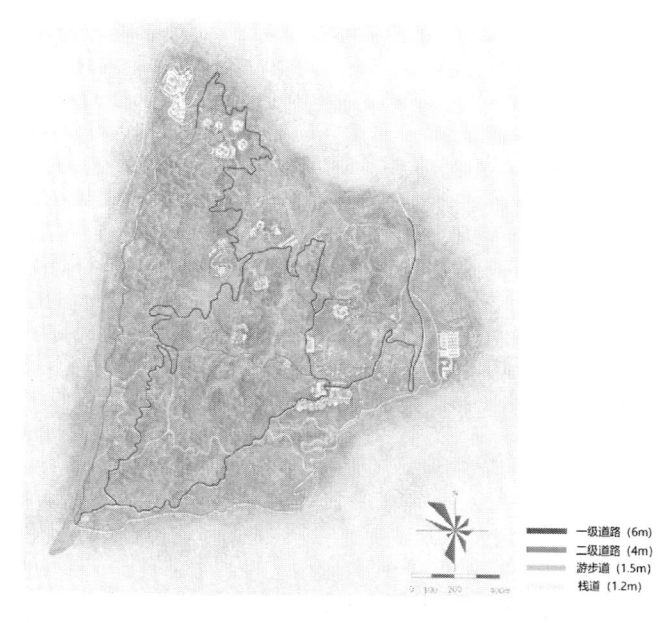

圖 6-16 石城山森林公園總體道路規劃圖

6.1.6.2 森林康養步道規劃設計

①森林康養療愈步道

森林康養療愈遊線覆蓋短期遊的森林康養群體，為一天中從早到晚的康養活動以及進行週期性的身心康復的療養項目，設置連接早上和下午活動的住宿點，使整個森林康養療愈線路遊程更放鬆，如圖 6-17 所示。

圖 6-17　石城山森林康養療愈步道路線圖

　　森林康養療愈步道區域主要以精神療養活動和康復體驗項目為主，根據場地原有自然條件以及地形條件設置項目及景點，並且在空間上針對不同的人群形成了自然屏障，項目的合理安排將森林的多面價值凸顯出來，如圖 6-18、圖 6-19 所示。

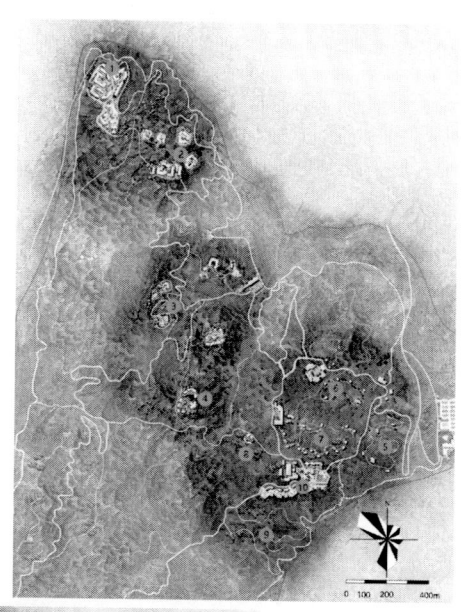

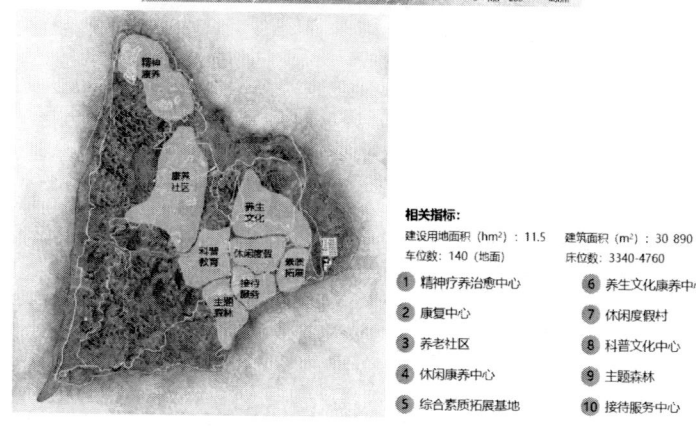

圖6-18　石城山森林康養療愈步道區域圖

精神療養步道區域，包括集中型的精神醫療中心和分散式的重症深度修復中心，同時也為其他類型患者提供深度修復的醫療空間。精神療養治愈步道區域總建設用地面積為4.5公頃，建成後能提供約1500個的床位。依據地形特徵將平坦處設計為集中式療養中心，高差較大的地方設計為分散式的院落組團，形

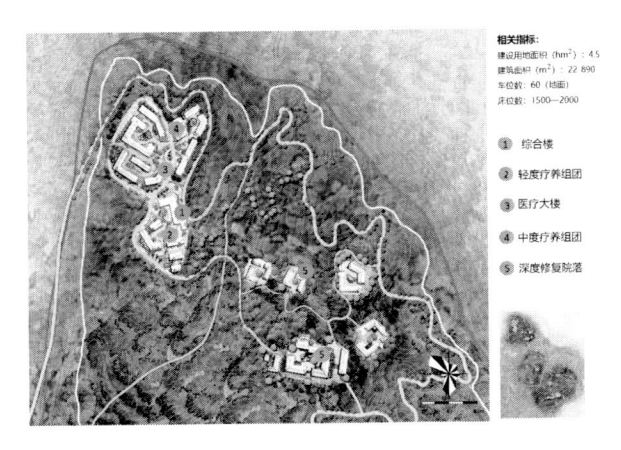

圖 6-19　石城山森林精神療養步道區域圖

成不同的空間體驗。

　　精神療養步道區域還包括高端療養社區，共設置有兩個院落式組團和兩棟高端療養別墅，如圖 6-20 所示。整片區域地勢較高，周邊植被較為茂密，整體氛圍安靜祥和，符合康養療養需求。

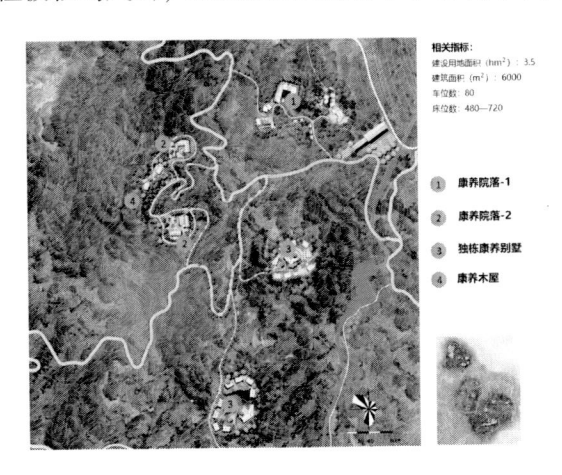

圖 6-20　石城山精神療養步道區域康養部落分佈圖

②森林康養觀光步道

　　森林康養觀光步道區域串聯了區域內部的地質景觀以及文化歷

史遺跡，以自然資源的風貌展示和佛教文化的體驗為核心，是一條心靈淨化路線。遊程設計充分考慮到日程的合理安排，控制了遊覽和休息的節奏，預留當日返程合理時間，如圖6-21、圖6-22所示。

圖6-21　森林康養觀光步道路線圖

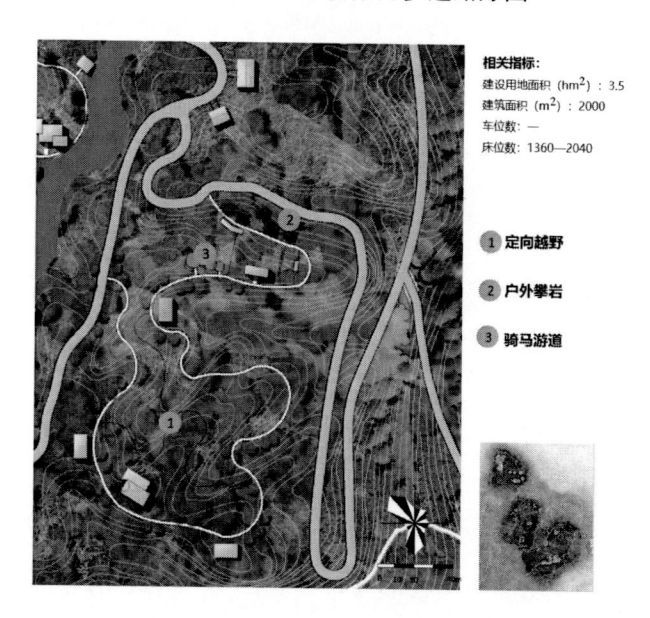

圖6-22　石城山森林康養觀光步道區域圖

森林康養觀光步道區域主要為素質拓展區，借助地形以及森林植被，以探險類以及體驗類項目為主，滿足喜愛戶外運動人群的娛樂需求。該區域設計了森林穿梭觀光步道，給遊客提供新奇的視角去眺望整個石城山。除此之外，還設計了叢林趣苑康養步道，連接秋千、蕩椅、帳篷營地、叢林木屋等，給遊客觀光體驗增添趣味性與互動感。

③森林康養文化步道

森林康養文化步道區域以當地特色文化景觀為主，具有極高的遊覽和觀光價值，為文化愛好者和相關專業學者提供優質的歷史文化考察點，如圖6-23所示。

圖6-23 石城山森林康養文化步道路線圖

森林康養文化步道區域充分利用地形等自然條件，以養生文化為主題打造不同類型的養生體驗，包含洞穴禪療、野營體驗、木屋療養以及山莊避暑以提升度假質量，如圖 6-24 所示。

圖 6-24　石城山森林康養文化步道區域圖

　　森林康養文化步道區域為科普文化區，該區域主要由植物景觀和獼猴保護基地組成，結合地形，針對不同人群設置相應的主題活動。設置項目主要為兒童森林遊玩、林下觀花海、市民森林植樹、樹木認養、森林觀影等活動，讓遊客在玩耍中認知康養，感受大自然的樂趣，如圖 6-25 所示。

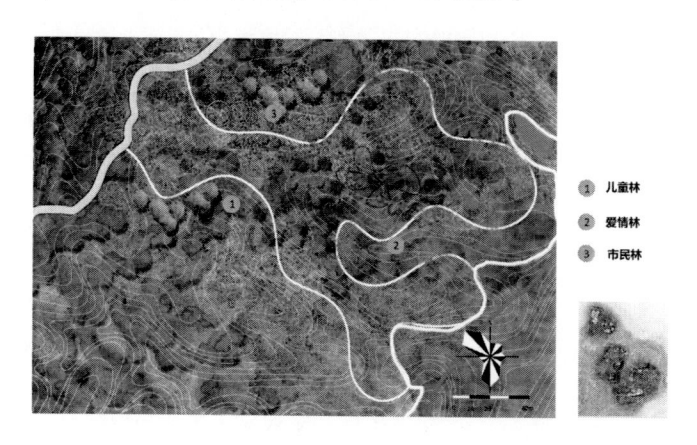

圖 6-25　石城山森林文化康養景觀林分佈圖

除此之外，遊客還可以圍繞森林康養展開多層次、多維度感官體驗活動，在參觀遊覽的過程中與獼猴進行互動，在標本展覽館增進對戶外野生植物的瞭解，如圖 6-26 所示。

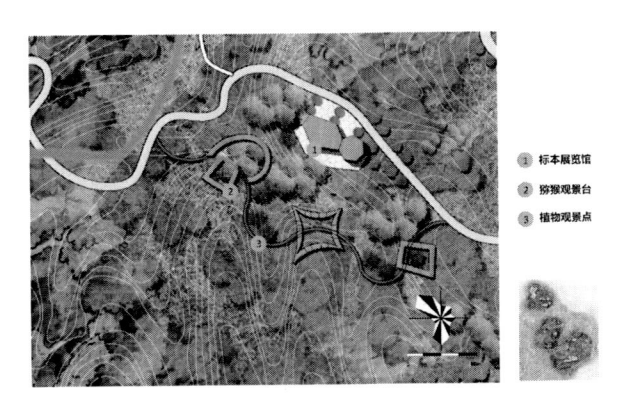

圖 6-26　石城山森林文化康養科普建築分佈圖

6.2　蜀南竹海大熊貓苑康養步道規劃設計

蜀南竹海風景名勝區位於四川省宜賓市境內，是《臥虎藏龍》的取景地、「中國國家風景名勝區」、「中國旅遊目的地四十佳」、《中國國家地理》評選的中國最美的十大森林之一。

如今的蜀南竹海，已經成為四川宜賓的一張旅遊名片。顏值爆表的蜀南竹海再加上憨態可掬的大熊貓，是一抹亮麗的風景線。宜賓市人民政府和蜀南竹海風景名勝區管理局為實現建設 AAAAA 級景區的目標，基於當地優渥的自然地理條件和環境資源，大力倡導綠色健康理念，推進森林康養產業的發展。本項目方案對蜀南竹海中華大熊貓苑康養步道的合理規劃，不僅豐富了森林康養步道規劃設計體系，還為相關理論研究提供了實踐基礎。

6.2.1　項目背景

6.2.1.1　區位分析

本項目位於蜀南竹海風景區的外圍保護區內（長寧縣竹海鎮集賢村順河組），占地167平方千米，西鄰蜀南竹海自然景點集中區，東鄰萬里服務區，四周交通便利，如圖6-27所示。大熊貓苑的康養步道建設將為蜀南竹海風景名勝區的發展提供發展動力，注入新的活力所示。

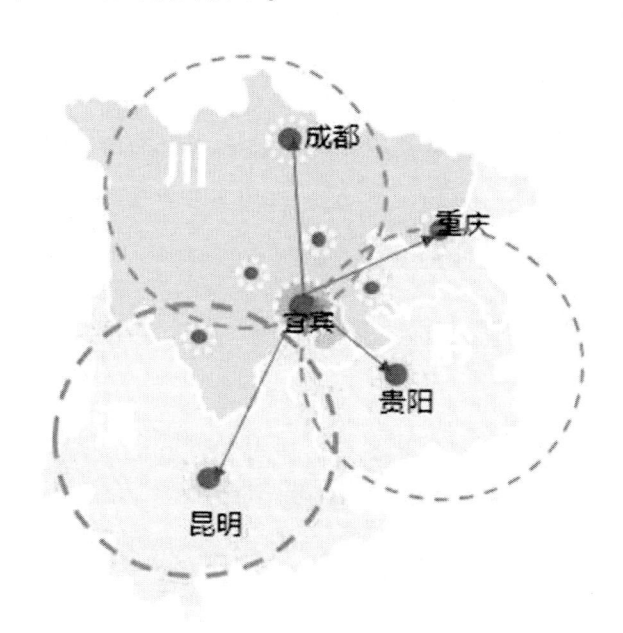

(a)

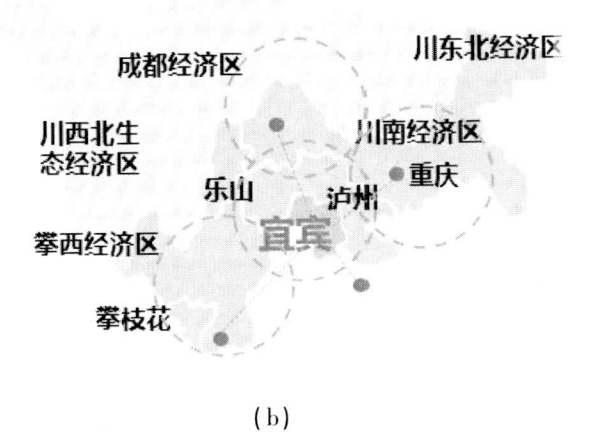

(b)

(c)

圖6-27　蜀南竹海大熊貓苑康養區位分析圖

6.2.1.2　森林康養步道設計核心需求

通過康養步道的遊線設計，合理安置適合大熊貓生存的家園，保證步道開發過程中生態環境的原生性與可持續性。

通過森林康養步行遊線的合理設置，探索人與熊貓「觀」與「被觀」的共處新方式，實現大熊貓生活空間與遊客遊賞空間的融合與享受。

建立無干擾的慢行通行系統——滿足遊賞系統與工作管理系統在空間上的獨立運行。

共創 AAAAA 景區——豐富遊線設計，增強景點活力，助力周邊景區，實現目標共贏。

6.2.2 基礎研究

6.2.2.1 景觀生態格局

①自然格局——山水環繞，風光秀麗

蜀南竹海位於四川長寧、江安兩縣毗連的南部連天山餘脈中，面積為 120 平方千米，是以竹景為主體、丹霞山水風貌為依託，兼具豐富文化內涵與多種珍稀資源的國家風景區。

②生態保育——分級保護，綠色屏障

蜀南竹海景區內的竹林覆蓋率達到 87% 以上，分為三個等級，是「中國生物圈保護區」，是中國第一個以保護竹類資源為主的國家級自然保護區，如圖 6-28 所示。

圖 6-28　蜀南竹海生態保育

③生態斑塊——數量眾多，功能多元

景區周邊自然景觀豐富且多元化。東北與一級景區七彩飛瀑對望，西邊緊臨二級景區迎風灣，南邊有天寓洞景區和天皇寺景區，形成景點聯動，如圖6-29所示。

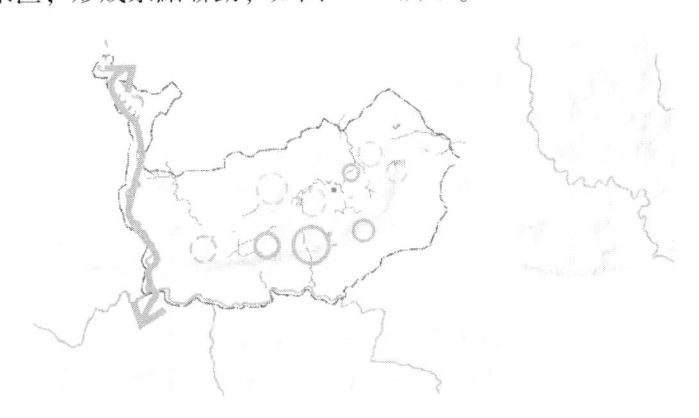

圖6-29　蜀南竹海生態板塊

6.2.2.2　周邊交通條件

蜀南竹海內部交通可達性高，形成了連貫的環線，景點與景點的連接性好。與項目位置相連接的有一條遊覽公路和一條遊覽步道，已建成的遊覽公路為水泥路，遊覽步道正在建設中，如圖6-30所示。

6.2.2.3　基地綜合分析

①基地環境現狀

基地東北與環鎮公路相鄰，其餘面以竹林環抱，整體地形東北低，西南高，東北部入口已平整，內部現有四處民房、兩條溪溝及一處瀑布，有部分田坎路和登山路。基地內植被密集，大多為竹類，大部分為楠竹（又稱毛竹），其次是慈竹，另有少量黃竹、苦竹、雞爪竹、羅漢竹、寶塔竹等珍貴品種，其他植被有馬尾鬆、大頭茶、楨楠、杉、銀杏等，如圖6-31所示。

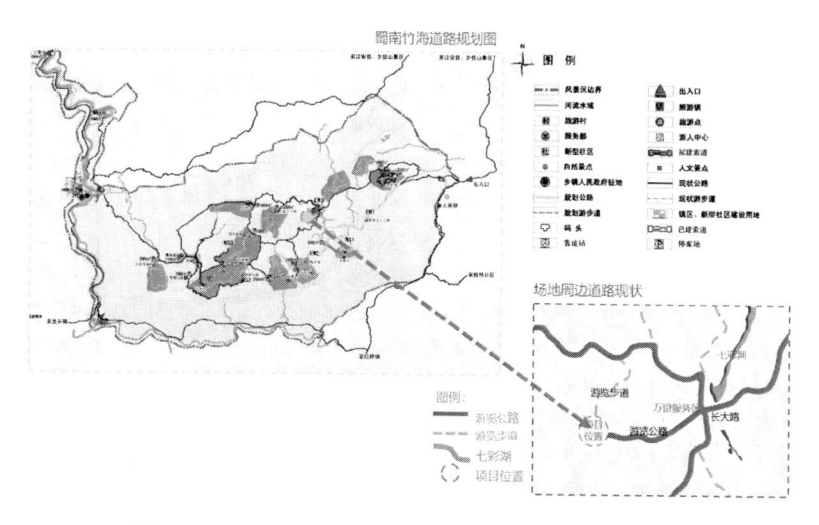

圖 6-30　蜀南竹海大熊貓苑周邊交通條件分析圖

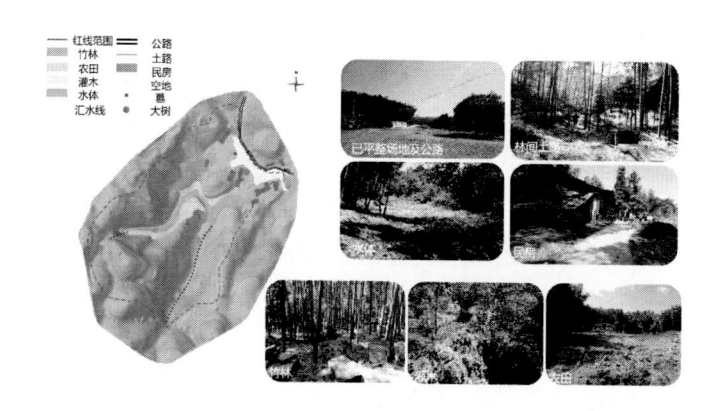

圖 6-31　蜀南竹海大熊貓苑基地環境現狀分析圖

②GIS 地形分析

高程分析：場地內地形大致為西南高，東北低，入口處海拔最低為 765 米，基地內最高為 868 米，落差 103 米（圖 6-32）。

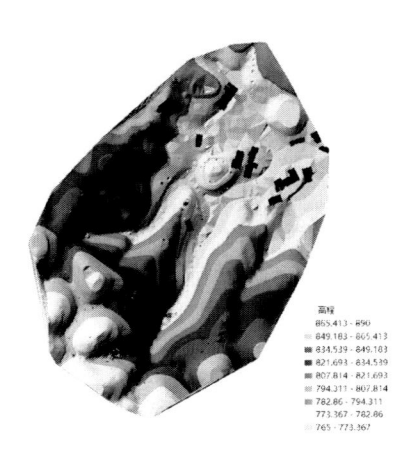

圖 6-32　高程分析

坡度分析：場地內坡度大致為西南陡，東北平，西南山體平均坡度在 50°左右，東北較平坦（圖 6-33）。

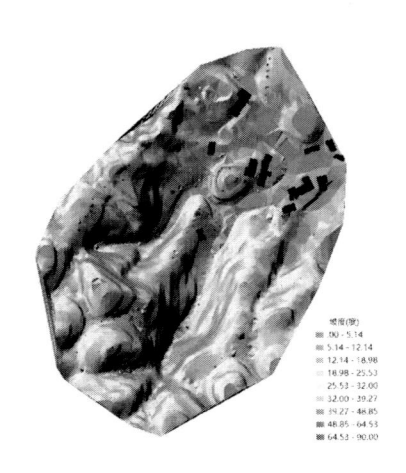

圖 6-33　坡度分析

坡向分析：場地內山體走向主要為從西南到東北，西北坡和東南坡向較多（圖 6-34）。

Part 6　實踐探索：森林康養步道規劃設計 | 111

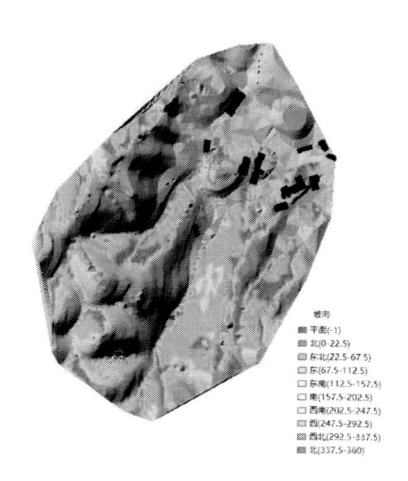

圖 6-34　坡向分析

6.2.3　目標定位

6.2.3.1　規劃願景

該項目旨在依託蜀南竹海的生態格局，打造以大熊貓文化為主題的康養步道遊線，使之成為蜀南竹海形象推廣的載體、宜賓城市旅遊發展引擎和川、滇、黔、渝世界遺產資源帶景觀走廊。

6.2.3.2　規劃策略

①策略一

尊重場地格局，合理規劃康養步行遊線：

尊重基地的山水地貌，不改變其景觀格局與自然肌理，主要建築景觀節點從屬於場地，以此進行路徑規劃（圖 6-35）。

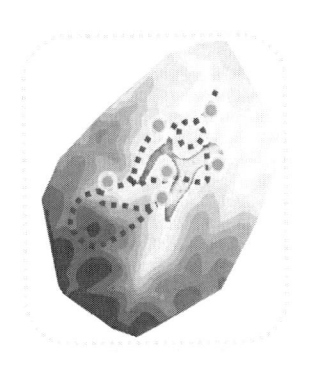

圖 6-35　生態至上的規劃路徑

將遊覽路線與員工路線進行分離，遠離大熊貓生活區域，減少人類活動的過度干擾（圖 6-36）。

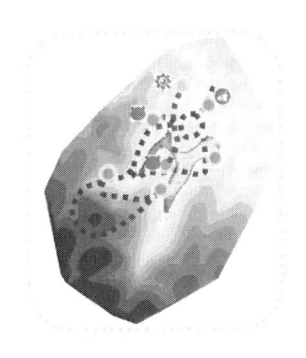

圖 6-36　低干擾的旅遊方式

在現有植被基礎上，引入水體淨化涵養植物，打造濱水植物景觀環線，對熊貓的飲用水源頭進行適當隔離（圖 6-37）。

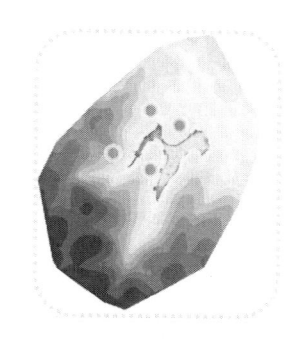

圖 6-37　濱水環線的風貌提升

②策略二

邂逅翡翠長廊，建立川南特色遊線：

建立川南韻味的登山步道，擴展熊貓遊覽線路。

在不破壞環境的前提下，利用川南「竹」元素，對原有的登山步行道進行整理和低影響設計，並在其中放置古典韻味的導視系統，滿足遊客登高望遠的需求。

③策略三

移步換景，體驗沉浸式步行遊覽：

項目在沉浸式步行遊覽路線設計中，將傳統模式（以被圈養的熊貓作為觀賞焦點，四周圍滿遊客），轉變為通過遊覽路線引導，擴大熊貓室外活動區域的新型模式，豐富遊覽體驗觀感。

6.2.4　規劃方案

6.2.4.1　規劃理念

將大熊貓擬人化，借用王維的詩句隱喻憨態可掬的熊貓期待遊客們來家的心情，也將它們對竹與山水的喜愛之情融入其中。運用自然生態的設計手法，將建築的古典韻味與蜀南竹海的秀美山光融為一體，以良好森林旅遊資源為依託的森林康養步道設計為遊客們展現出如竹溪鬆嶺圖的詩情畫意。

6.2.4.2 總平面圖

大熊貓苑規劃總平面圖如圖6-38所示。

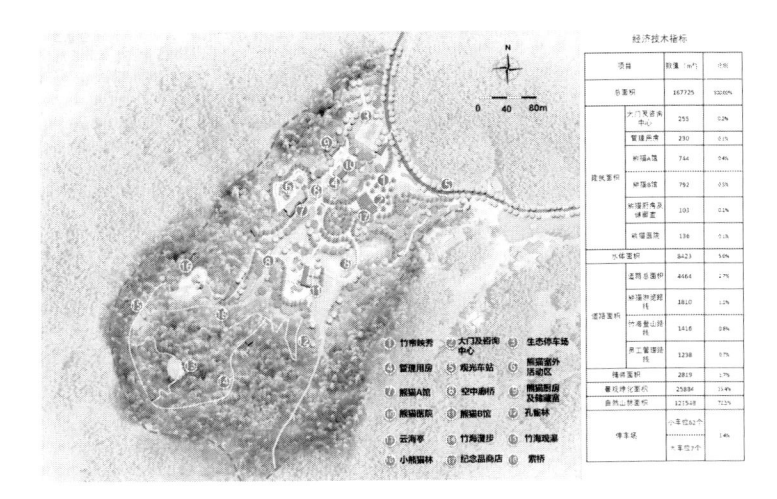

圖6-38 蜀南竹海大熊貓苑規劃總平面圖

6.2.4.3 鳥瞰圖

大熊貓苑規劃概貌如圖6-39所示。

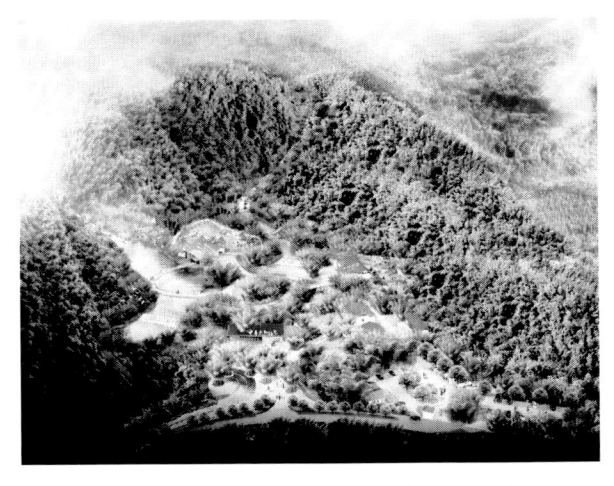

圖6-39 蜀南竹海大熊貓苑規劃鳥瞰圖

6.2.5　步道設計分析

6.2.5.1　交通流線

大熊貓苑交通流線如圖6-40所示。

圖6-40　蜀南竹海大熊貓苑交通流線分析圖

6.2.5.2　沉浸式康養遊覽路線

大熊貓苑沉浸式康養遊覽路線如圖6-41所示。

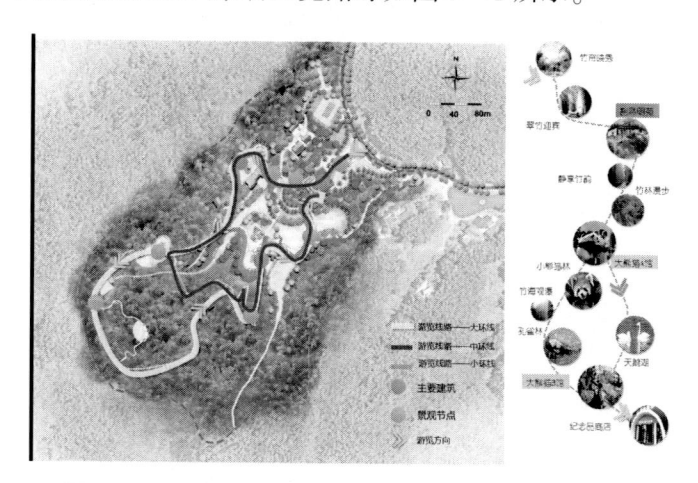

圖6-41　蜀南竹海大熊貓苑沉浸式康養遊覽路線圖

6.2.5.3 公共服務設施

大熊貓苑公共服務設施如圖 6-42 所示。

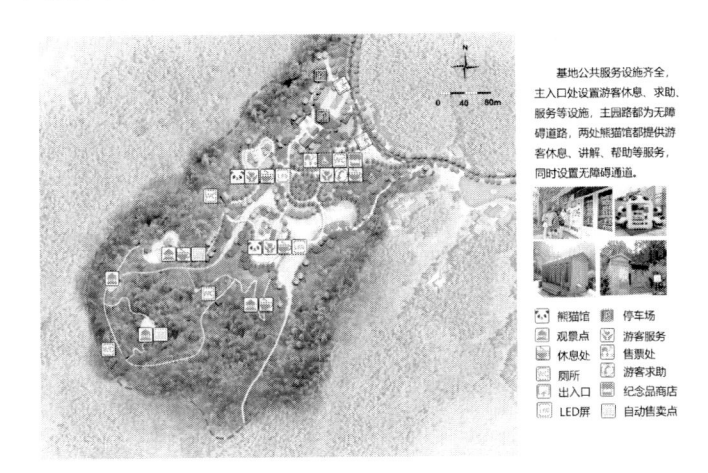

圖 6-42 蜀南竹海大熊貓苑公共服務設施分佈圖

6.2.6 步道細節設計

6.2.6.1 竹簾映秀

入口處以竹林與靜水成像來傳達典雅的自然氛圍，以充滿自然感和野趣的碎石鋪裝作為引導遊客遊覽空間的流線。憨態可掬的熊貓雕塑拉開了沉浸式遊覽的序幕，如圖 6-43 所示。

圖 6-43 蜀南竹海大熊貓苑竹簾映秀平面與效果圖

6.2.6.2 翠竹迎賓

進入大門的空間利用叢竹形成半封閉線性空間，以碎礫石鋪裝道路作為遊客步行流線引導。作為大門之前的一個引導空間，在空間承接上起到過渡的作用，如圖6-44所示。

圖6-44　蜀南竹海大熊貓苑翠竹迎賓平面與效果圖

6.2.6.3 豁然明苑

大門主入口景觀隱於叢叢翠竹之後，加之自然粗獷、極具動感的流線型道路鋪裝，營造了一種竹林環抱的古典韻味，如圖6-45所示。

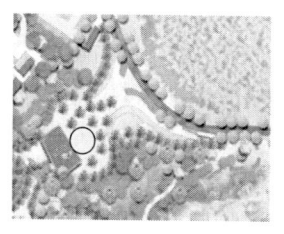

圖6-45　蜀南竹海大熊貓苑豁然明苑效果圖

6.2.6.4 靜享竹韻

此段景觀作為進入大門後的第一段主景，以線性竹景觀結合枯草圍欄打造寧靜悠遠的竹林長廊——生態竹景康養步道，提升空間品質。

6.2.6.5 竹林漫步

結合地形以及遊覽觀光需求，在場地中引入景觀橋廊步道，

豐富遊線和觀光體驗，使空間更有節奏。

6.2.7 步道附屬設施專項設計

6.2.7.1 標示系統設計

①設計元素

大熊貓苑步道標示設計元素如圖6-46、圖6-47所示。

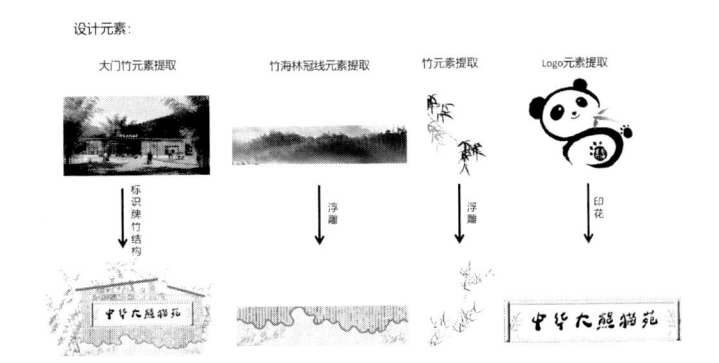

圖6-46 蜀南竹海大熊貓苑步道標示系統設計元素分析圖

圖6-47 蜀南竹海大熊貓苑標示系統示意圖

②材質選擇

大熊貓苑步道標示系統材質選擇如圖 6-48 所示。

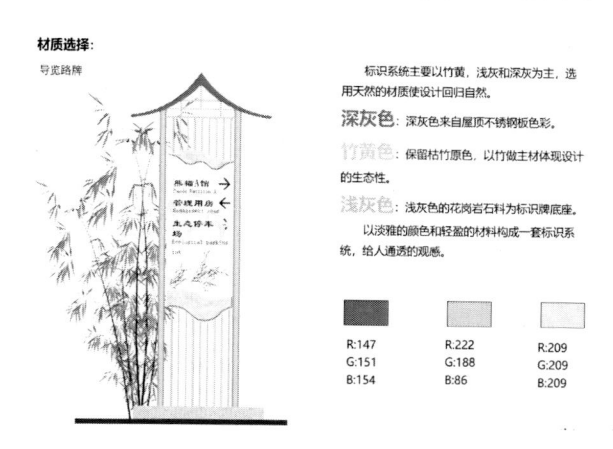

圖 6-48　蜀南竹海大熊貓苑步道標示系統材質分析圖

③設計示意圖

大熊貓苑步道標示設計如圖 6-49、圖 6-50、圖 6-51 所示。

圖 6-49　蜀南竹海大熊貓苑步道節點標示示意圖

圖 6-50　蜀南竹海大熊貓苑步道岔路導覽路牌示意圖

圖 6-51　蜀南竹海大熊貓苑標示系統示意圖

6.2.7.2　植物種植設計

賦予蜀南竹海「竹+熊貓」的特色。

在國內率先推出以大熊貓主食竹作為主要造景植物搭建的「竹+熊貓」自然科普康養步行線路。在步道沿線種植宜賓鄉土植物，在空間的規劃設計上模擬熊貓原始生存環境群落，合理搭配喬、灌、草、蕨類植物，營造熊貓特有棲息地景觀，如圖 6-52 所示。

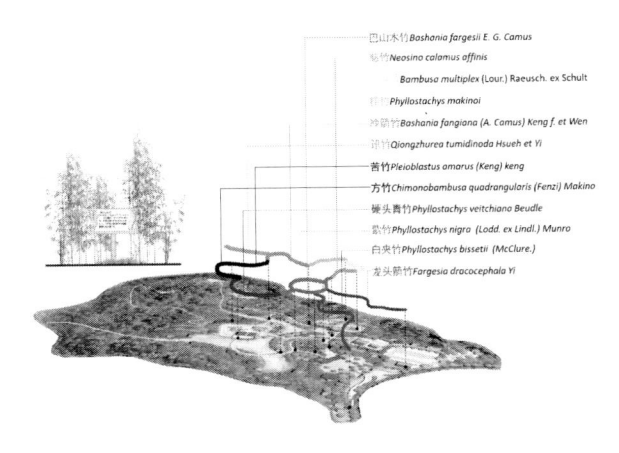

巴山木竹 *Bashania fargesii* E. G. Camus
篌竹 *Neosino calamus affinis*
　　 Bambusa multiplex (Lour.) Raeusch. ex Schult
　　 Phyllostachys makinoi
冷箭竹 *Bashania fangiana* (A. Camus) Keng f. et Wen
　　 Qiongzhurea tumidinoda Hsueh et Yi
苦竹 *Pleioblastus amarus* (Keng) keng
方竹 *Chimonobambusa quadrangularis* (Fenzi) Makino
雞頭黃竹 *Phyllostachys veitchiana* Beudle
紫竹 *Phyllostachys nigra* (Lodd. ex Lindl.) Munro
白夾竹 *Phyllostachys bissetii* (McClure.)
龍頭箭竹 *Fargesia dracocephala* Yi

圖 6-52　蜀南竹海大熊貓苑植物種植設計圖

6.3 瀘州市康養步道系統規劃

6.3.1 區位條件

隨著現代化進程的快速推進和城市高密化的發展，中國各地掀起如火如荼的森林康養步道建設熱潮。瀘州市地處川、滇、黔、渝四省市結合部，成都、重慶、昆明、貴陽的連接交點，長江和沱江的交匯處，面積 12,246 平方千米。作為四省交界，瀘州發展條件得天獨厚，全市包括江陽區、龍馬潭區、納溪區組成的中心城區，以及瀘縣、合江縣、敘永縣、古藺縣。中心城區兩江流經、三山環抱，具有良好的生態基底，如圖 6-53 所示。

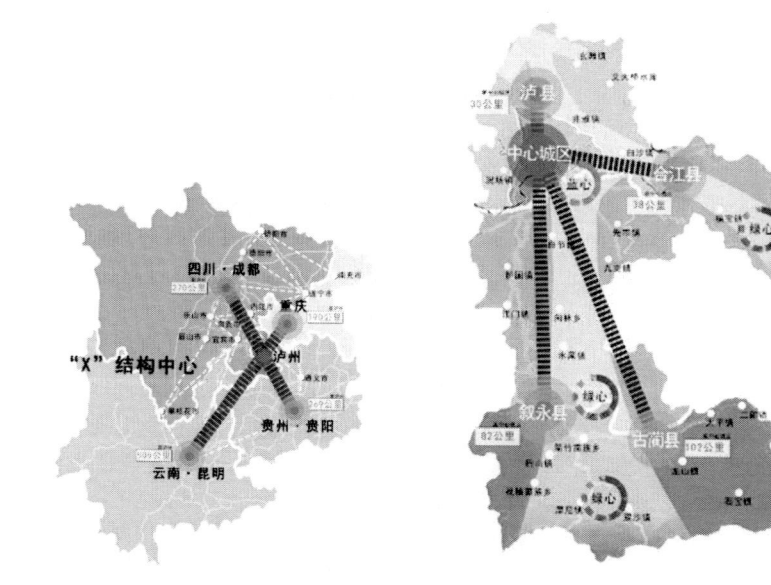

(a) 瀘州市在西南片區的區位關係　(b) 瀘州市在川渝片區的區位關係

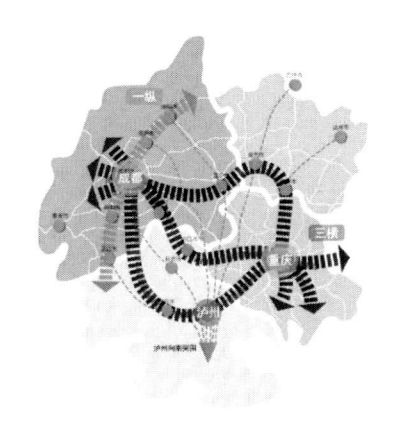

(c) 中心城區在瀘州市域的區位關係

圖 6-53　瀘州市區位分析圖

　　康養步道是一種線性綠色開敞空間，它的建設不僅可以連接區域交通，改善城區環境，為居民提供更多具備遊憩功能的生態廊道，還可以承擔居民日常休閒活動，為人們旅遊出行提供更多的遊線選擇。因此，康養步道的建設熱潮是大勢所趨。在新的發展背景下，為應對新的發展形勢，維護區域生態安全，延續歷史文化發展，滿足居民美好生活需求，瀘州市康養步道規劃勢在必行。

6.3.2　總體規劃

6.3.2.1　規劃理念

　　瀘州市的康養步道規劃是在城市的山水生態格局下展開的，在尊重城市空間肌理的基礎上，充分利用城市綠地資源，從城市整體風貌考慮，向下打造深入不同片區之間的脈絡，最後落實到居民生活的社區圈層，形成由外及裡、由上至下的整體規劃，如圖 6-54 所示。

圖 6-54　瀘州中心城區綠地系統結構圖
資料來源：瀘州綠地系統規劃（2017—2035 年）

①構築生態屏障

依託瀘州周邊風景區及自然山地和田園風光，以生態保育為主進行康養步道建設，堅守生態控制線，極有效地保護好瀘州山體、河流、綠地等生態要素；保護城市的生態環境，完善城市整體生態格局，打造山水相融、城園一體的康養步道網路系統，構建瀘州發展區的生態保護圈。

②喚醒城市活力

憑借兩江水岸風光，打造遊憩、體驗、觀光一體化的康養遊線，形成城市活力聚集帶。串接沿長江、沱江的濱江景觀康養步道主軸，構建覆蓋瀘州自然、歷史、人文景觀資源的康養步道網路，充分體現江河交匯的城市景觀特色和歷史文化名城風貌。通過設施配套的加強、可達性的改善、整體性的推介和管理，提升風景資源的品位和吸引力，吸引市民休閒消費，帶動旅遊觀光和體驗休閒等相關行業發展，喚醒城市生命活力。

③匯聚歷史文化

康養步道的建設應結合瀘州自身自然資源，體現瀘州歷史文化底蘊，凸顯瀘州山水文化精神特徵，同時融入瀘州酒文化、江城文化、老街文化、夜郎文化、龍文化，將城區古遺址、古建築及近現代重要史跡、近現代代表性建築等串聯成線，融匯瀘州豐富燦爛的文化藝術，展現瀘州作為歷史文化名城的深厚內涵。

④趣享綠色生活

根據人群需求，設置與居民生活緊密聯繫的康養步道，注重社區居民的參與性和居住組團的特色打造。完善康養步道網路與城市交通網路的有機銜接，完善康養步道的標示系統、應急救援系統和無障礙設施，吸引人們更多地選擇步行這一綠色出行方式，提供良好的休閒健身、遊憩交流和旅遊觀光場所。以人為本，引導形成低碳、健康的綠色生活方式。

6.3.2.2 選線依據

根據對瀘州市中心城區的現狀調查以及所做的現狀分析，同時結合《瀘州市城市總體規劃（2010—2030）》《瀘州市城市綜合交通體系規劃（2012—2030）》《瀘州市歷史文化名城保護規劃》《瀘州市綠地系統規劃（2017—2035）》中的相關內容，以生態要素、人文遊憩要素以及交通通勤要素為瀘州市中心城區康養步道選線的三個基準層，如圖6-55所示。

其中生態要素層包括中心城區的公園資源、中心城區及其周邊的景區資源、兩江四岸的濱水風光帶。人文遊憩層主要從歷史文化遺跡以及與生活密切相關的空間等出發去考慮。瀘州市中心城區人文遊憩資源形式多樣，包括歷史建築、構築物等，例如老城區的報恩塔、鐘鼓樓、百子圖廣場等。交通通勤層主要從中心城區的公交系統、軌道交通系統、停車場以及現狀道路情況、規劃的交通路網等方面考慮。

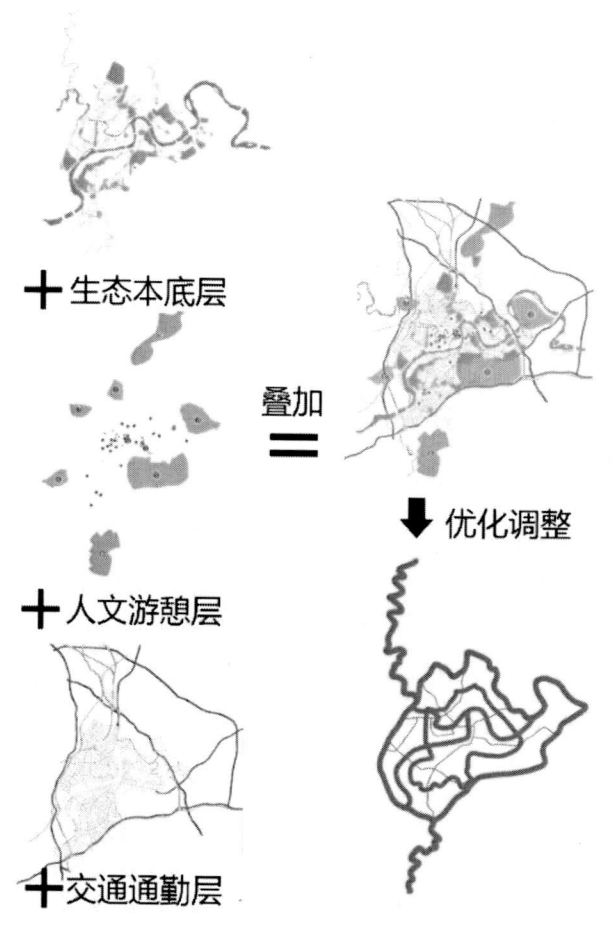

圖 6-55　選線依據概念模式圖

  在對三個基準層進行初步疊加後，形成了一個瀘州市中心城區初步的康養步道網路。在此基礎上對民眾意願進行一個二次調查，定性與定量相結合，優化康養步道網路，去掉那些雖然與三個基準層指標要求相符卻不夠滿足民眾意願的線路。綜合篩選後，得到瀘州市中心城區的「兩脈相通、三山團抱、兩江貫穿、三環擁繞、五帶相連、多線串通」的康養步道線網佈局。

①自然生態要素

生態要素包括了康養步道路線規劃區範圍內的公園、景區、廣場和濱水空間等自然生態要素。加強外圍山體及延伸至城中部山體的生態保護和培育。長江、沱江水面開闊，具有景觀開發利用價值，可以體現濱水康養特色。另外，康養步道周邊還分佈有各種規模的山體和臺地，這些山水自然景觀資源是營造山水園林城市的重要基礎。

②人文文化要素

人文文化要素一方面指康養步道路線周邊的歷史文化遺跡，另一方面也指一些在情感上得到人們認同的現代標誌物或者文化活動的物質空間載體。後者大致能分為三類：能反應城市的現代建設歷程和演變過程的、能集中展示當地市民性情特質和精神面貌的、能反應山地城市在制度文化建設上取得的成就的。這些物質載體可以包括瀘州空間形態、建築與構築物、特殊地段等多項內容。

③便利通達要素

便利通達要素簡單來講即最後五分鐘通勤要求。在康養步道路線選擇時注重通過與主要交通樞紐的連接，增加康養步道的可達性所示。

③社會公眾要素

社會公眾要素即公眾意願度。城市的主體是「人」，一切的城市建設活動均應以市民需求為根本出發點。在康養步道路線規劃設計中，向瀘州市民徵詢康養步道建設意願，瞭解到大家最希望康養步道能串聯各類公園和自然人文景點，康養步道要布置在康體健身遊樂設施處，如圖 6-56、圖 6-57 所示。

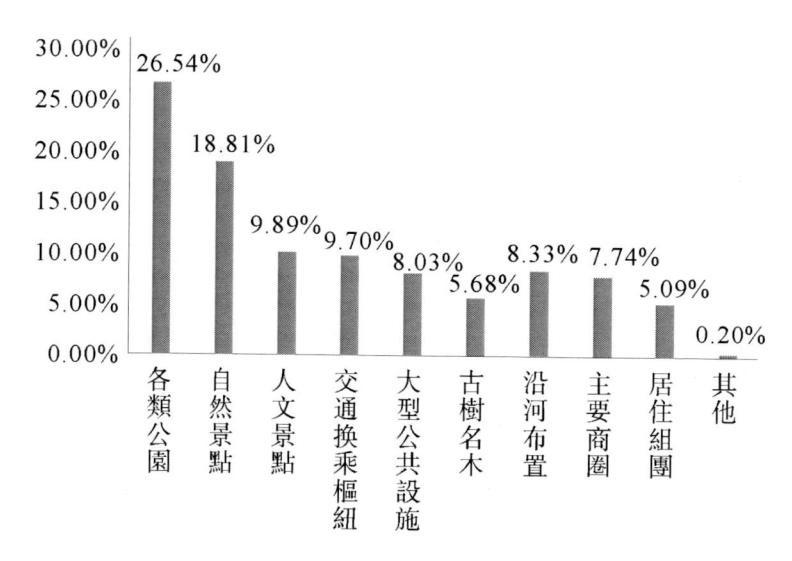

圖 6-56　瀘州市民希望康養步道串聯的設施

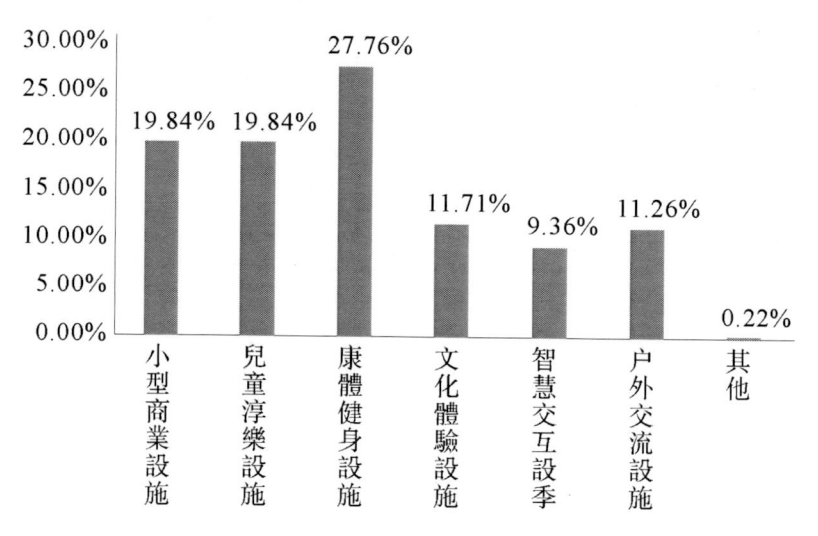

圖 6-57　瀘州市民希望康養步道布置的節點

6.3.2.3　結構體系

①總體結構

瀘州中心城區康養步道體系總體為「兩脈相通、三山團抱、

兩江穿貫、三環擁繞、多線串通」，如圖 6-58 所示。瀘州中心城區綠地結構主要由方山風景名勝區、楊橋—南壽山風景區、九獅山風景名勝區三座山地團抱。以三山作為中心城區綠地屏障，在此基礎上設立城市級外圍康養環線進行連接，形成瀘州主要生態廊道。城區南北兩側設立兩條外接康養遊線，向北沿瀨溪河接瀘縣到玉蟾山景區，向南沿永寧河到天仙洞景區，與市域生態廊道連接起來。在城區內設立內部康養步道環線，串聯起主要公園、河流等綠地資源，同時在沱江、長江設立城市級骨幹康養步道，串聯起城區主要濱江綠地資源，做到有山有水。同時設立若干條社區康養步道，深入連接各小區遊園、綠化節點等。

②分級線網結構

兩脈相通：在城區南北兩側設立兩條外接康養遊線，向北沿瀨溪河接瀘縣到玉蟾山景區，約 37.6 千米，向南沿永寧河到天仙洞景區，約 7.8 千米，與市域生態廊道串聯起來。利用兩脈搭建區域生態廊道，連接市域內不同動植物種群的生態核和破碎化的生態孤島，恢復和強化瀘州市生態網路。

三山團抱：以方山風景名勝區、楊橋—南壽山風景區、九獅山風景名勝區等主要山林風景資源為核心節點，串聯城市各片區綠地和公園，打造城市環形生態廊道，總長約 133.03 千米，從空間上形成城市外圍生態防線，修復山體，恢復城區的自然環境與生態價值鏈，增強涵養功能，助力於城市生態的培育，形成良好的外環境，打造環城生態康養體驗線路。

兩江穿貫：瀘州地處四川盆地南緣，為長江和沱江交界處，江岸群山連綿，具有得天獨厚的山水資源。在瀘州原有的四條濱江步道（沱江兩岸濱江路、張壩濱江路、長江北岸濱江路、納溪濱江路等）的基礎上，打造全面覆蓋城市的休閒遊憩共享康養步道，全長約 89 千米，依託水系打造瀘州江城的水文化

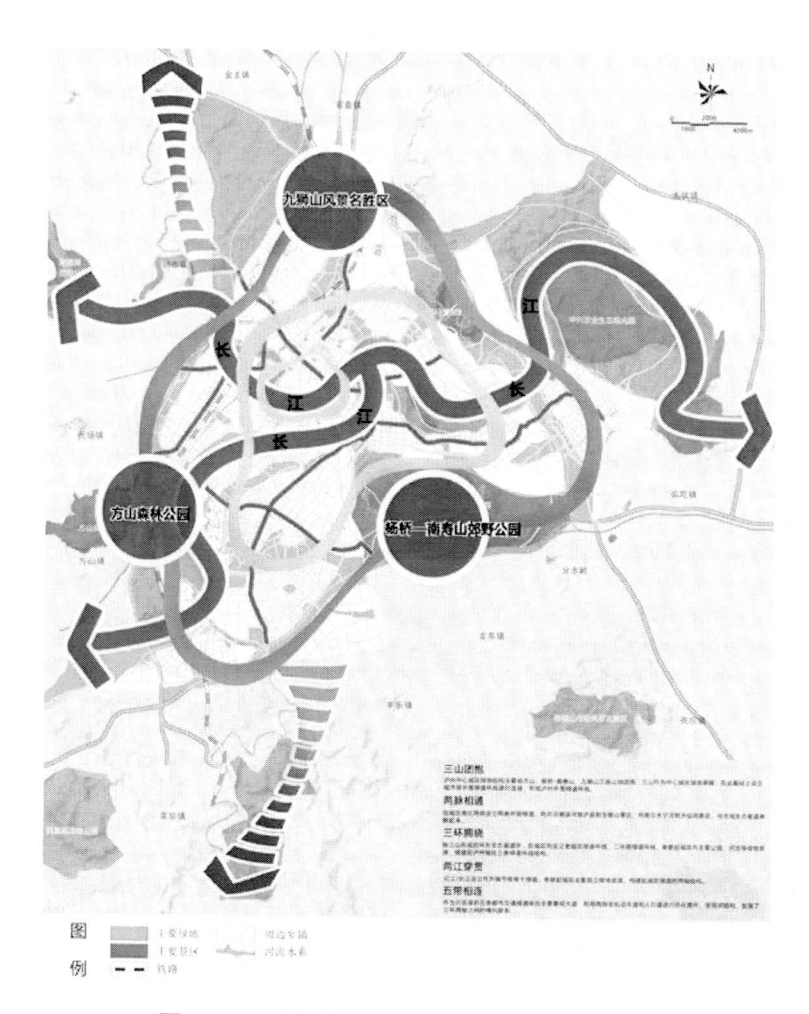

圖 6-58　瀘州中心城區康養線路結構體系圖

名片。

　　三環擁繞：在城區內設立內部康養環線，串聯起主要公園、河流等綠地資源。除三山環形生態廊道外，在城市內部建設內外兩條康養環線，立足於城市內部的主要綠地資源，讓城區居民更安全方便地遊憩，又保護了各類公園綠地，是展示城市形象的景觀交通空間。

多線串通：社區級康養遊路沿著城市骨幹康養步道分支，不斷延伸至社區組團內部，形成服務於居民生活的慢行康養步道層級，滿足居民日常出行和娛樂休閒的需要。這一層級的步道數量多、密度高，實現居民出門 5 分鐘即可進入自然環境的目標。

③康養遊線網路體系

根據瀘州市中心城區的景觀資源、人文資源、人口密度分佈、道路交通現狀等綜合因素，同時參照康養步道的位置、規模和服務範圍，將瀘州市中心城區的康養步道分為三個等級，城市級康養步道、片區級康養步道、社區級康養步道，如圖5-59所示。綜合優化形成兩條骨幹級濱江康養步道、三條城市環線康養步道，同時在各個片區內部設置多條社區級康養步道，老城區則通過拆遷建綠、破硬復綠、見縫插綠等方式，重建步道體系。

城市級：城市級康養步道，分為骨幹級濱江康養步道和區域外接康養步道、陸上外圍郊野環線、內部生態廊道環線四類，作為城市內主要生態廊道。打造功能與形式俱佳的城市步道，形成多功能康養步道骨架網路，展現瀘州國際化、生態化的城市面貌。

片區級：片區級康養步道為主要都市景觀大道，構成網狀結構，加強各城市級康養步道的橫向聯繫，同時串聯主要公園、景觀節點。豐富配套設施網路，建設人性化遊憩空間，展示文化風貌。

社區級：社區級康養步道串聯各分散居住區、居住小區級公園以及綠化節點，多作為支線，將康養步道深入各組團居住區，完善康養步道系統與公交系統的對接，做到出門 5 分鐘到康養步道的目標。

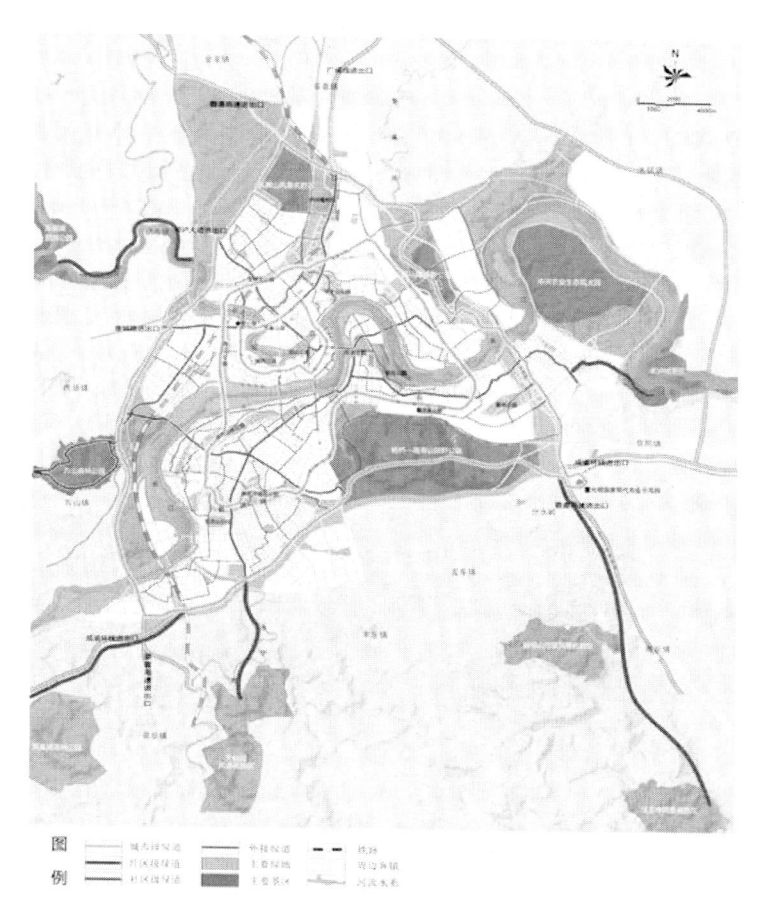

圖 6-59　康養遊線分級網路圖

6.3.2.4　特色主題遊線

依據不同區域具有的不同類型的景觀特色，因地制宜，總共設置了七條特色主題康養線路，如圖 6-60 所示。

①濱江風情線

瀘州中心城區濱江風情康養步道，展現沱江、長江兩江特色景觀，凸顯江城文化及民俗的風景帶，同時也是城市骨幹級康養步道。

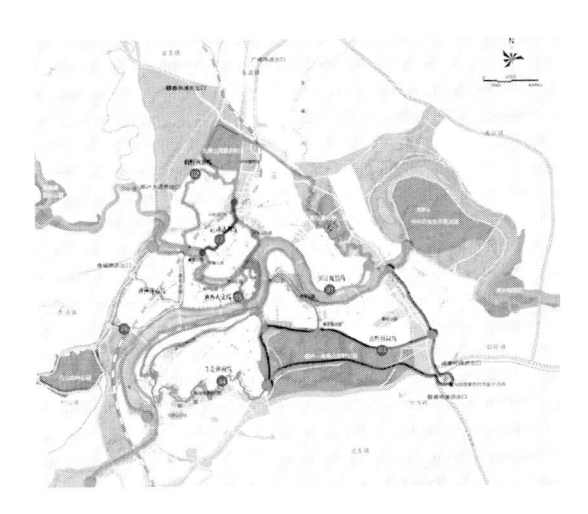

圖 6-60　特色康養主題線路圖

②歸野溯源線

溯源顧名思義就是從結尾尋找源頭，主要包括沱江景觀、兩河風情、自然郊野風光。

③山野田園線

線路位於山野田園與城鎮之間，穿行於郊野山林之中，展示山野田園風光。

④生態休閒線

串聯倒流河生態複合廊道以及一系列公園，突出體育健身、戶外休閒功能，豐富城區居民的戶外休閒活動，增強群眾幸福感。

⑤酒香人文線

主要展示瀘州人文遺址、古街遺址、酒城文化、釀酒文化。

⑥禪林淨心線

主要以方山佛教文化、田園風光為主，展示佛教文化、濱江風光、田園風光、長江文化。

⑦運動活力線

串聯奧體公園和玉帶河，打造慢跑健身路線，提升城市居民

運動活力，主要功能為運動休閒，同時展示濱河風光、體育文化。

6.3.3 建設規劃

綜合考慮瀘州中心城區生態本底、景觀資源、道路交通和用地佈局等資源要素以及相關規劃等政策要素，同時結合各區、街道、組團的發展方向疊加分析，將瀘州市康養步道進行分類，如圖 6-61 所示。

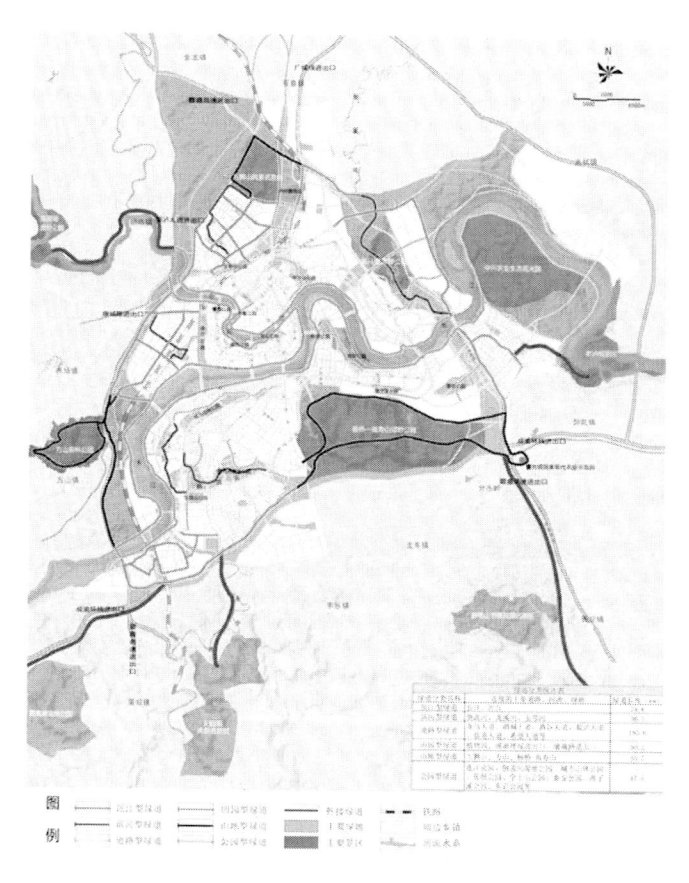

圖 6-61　康養步道系統分類圖

6.3.3.1 濱江型康養步道建設指引

濱江型康養步道建設指引如表 6-2 所示。

表 6-2　濱江型康養步道建設指引

分類	寬度坡度	植物配置	鋪裝材質	管理設施
濱江綠地康養步道（a）	1. 康養步道遊徑寬度原則上≥3 米 2. 步行道橫坡不得超過 4%，縱坡不得超過 12%	1. 優先選擇具有本地特色的樹種 2. 選擇無毒、無臭、無刺、無飛絮的植物 3. 選擇耐水濕的植物	1. 鋪裝應選擇具有耐水性、耐酸鹼度、抗侵蝕等特點的材料，選擇透水混凝土、戶外木等 2. 色彩可選擇原木色或比較明快的藍色、紅色、綠色，主要色調與周邊景觀協調	1. 增加標示指引系統 2. 服務站建設應優先利用現有設施，嚴格控制新建設施的數量和規模，新建設施規模應與康養步道容量相適應
濱江路康養步道（b）	1. 對現有步道進行改造 2. 原則上步道寬度≥2 米 3. 步行道橫坡不得超過 4%，縱坡不得超過 12%	1. 優先選擇具有本地特色的樹種 2. 選擇耐水濕的植物樹種 3. 喬灌草組合搭配	1. 鋪裝應選擇具有耐水性、耐酸鹼度、抗侵蝕等特點的材料，可選擇透水混凝土、戶外木等	1. 增加標示系統，隔一定距離設置親水準臺 2. 服務站建設應優先利用現有設施，嚴格控制新建設施的數量和規模，新建設施規模應與康養步道容量相適應
空中康養棧道（c）	1. 康養步道遊徑為離岸式，架設在空中，其規劃寬度為 2.0~2.5 米 3. 康養步道橫坡不得超過 4%，縱坡不得超過 12%	1. 優先選擇具有本地特色的樹種 2. 選擇耐水濕的植物 3. 喬灌草組合搭配	1. 康養棧道設置為木質材料 2. 選擇推薦與自然環境協調、容易降解、較易維護的表層材料	1. 增加標示系統，隔一定距離設置親水準臺 2. 服務站建設應優先利用現有設施，嚴格控制新建設施的數量和規模，新建設施規模應與康養步道容量相適應

6.3.3.2 濱河型康養步道建設指引

濱河型康養步道建設指引如表 6-3、圖 6-62 所示。

表 6-3　濱河型康養步道建設指引

分類	寬度坡度	植物配置	鋪裝材質	管理設施
濱河綠地康養步道 (a)	1. 對現有綠地內遊徑進行改造 2. 康養步道遊徑寬度規劃為 2.5~3.0 米 3. 康養步道橫坡不得超過 4%，縱坡不得超過 12%	1. 優先選擇具有本地特色的樹種 2. 選擇耐水濕的植物 3. 喬灌草組合搭配	1. 在滿足使用強度的基礎上，採用耐水耐磨、環保生態、可塑性強、適合多種用途的自然材料鋪裝慢性道路面	1. 增加標示系統，隔一定距離設置親水準臺 2. 服務站建設應優先利用現有設施，嚴格控制新建設施的數量和規模，新建設施規模應與康養步道容量相適應
濕地康養棧道 (b)	1. 濕地康養棧道規劃寬度為 2.5~3.0 米 2. 康養棧道遊徑為離岸式，架設在水中	1. 優先選擇具有本地特色的樹種 2. 選擇耐水濕的植物，根據水生—濕生—陸生進行植物配置	1. 康養步道鋪裝木質材料 2. 選擇推薦與自然環境協調、容易降解、較易維護的表層材料	1. 增加標示系統，隔一定距離設置親水準臺 2. 服務站建設應優先利用現有設施，嚴格控制新建設施的數量和規模，新建設施規模應與康養步道容量相適應

3.0M

綠地　步行道　綠地

(a) 濱河綠地

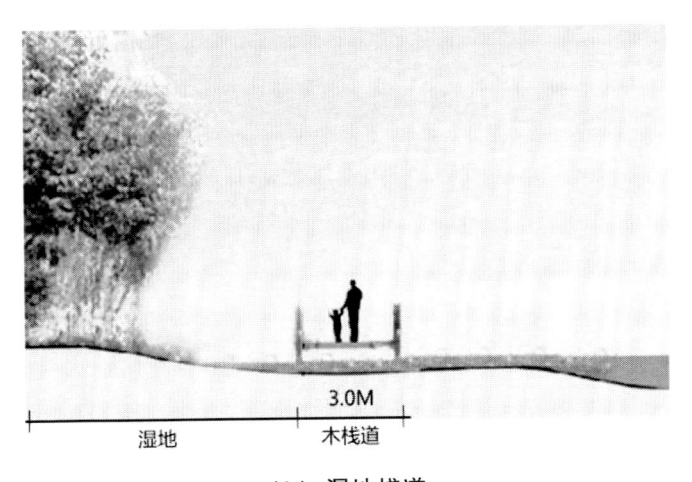

(b) 濕地棧道

圖 6-62　濱河型康養步道斷面指引圖

6.3.3.3 山地型康養步道建設指引

山地型康養步道建設指引如表 6-4、圖 6-63 所示。

表 6-4　山地型康養步道建設指引

分類	寬度坡度	植物配置	鋪裝材質	管理設施
登山徑（a）	1. 對已有的山路進行改造 2. 康養步道遊徑寬度規劃為 2.5 米 3. 步行道的縱坡最大不宜超過 12%（當縱坡的坡度大於 8%時，應輔以梯步解決豎向交通），橫坡最大不宜超過 4%	1. 優先選擇具有本地特色的樹種 2. 選擇無毒、無臭、無刺、無飛絮植物 3. 選擇耐修剪、萌發能力強的植物	1. 應用自然礫石、原木等鄉土材料鋪設遊徑 2. 表層材料選擇推薦與自然環境協調、容易降解、較易維護但承受使用強度相對較低的鋪裝	1. 對道路綠地進行提升，增加登山安全標示系統 2. 除最基本的康養步道配套設施外，禁止其他開發建設行為，允許存在的設施的建築密度應低於 2%，容積率低於 0.04

Part 6　實踐探索：森林康養步道規劃設計　137

表6-4(續)

分類	寬度坡度	植物配置	鋪裝材質	管理設施
山脊線 (b)	1. 利用原有的道路加以改造，應避免對山體的大量切挖 2. 康養步道遊徑寬度規劃為 3.0 米 3. 步行道橫坡不得超過4%，縱坡不得超過12%	1. 選擇耐旱性較強、抗風性較強的深根鄉土野生植物 2. 遵循植物生長規律及對環境的要求，合理科學配置，使季相豐富變化	表層材料選擇推薦與自然環境協調、容易降解、較易維護但承受使用強度相對較低的鋪裝，如碎木纖維、顆粒石或者木塑複合材料等	1. 對道路綠地進行提升，增加登山安全標示系統 2. 除最基本的康養步道配套設施外，禁止其他開發建設行為，允許存在的設施的建築密度應低於2%，容積率低於0.04
衝溝型 (c)	1. 康養步道遊徑寬度規劃為 ≥2.0 米 2. 步行道的縱坡最大不宜超過12%，當縱坡的坡度大於8%時，應輔以梯步解決豎向交通	1. 山谷應選擇喜陰的鄉土野生植物 2. 遵循植物生長規律及對環境的要求，合理科學配置，使季相豐富變化	1. 加強衝溝兩側地質的穩定性建設 2. 表層材料選擇推薦與自然環境協調、容易降解、較易維護但承受使用強度相對較低的鋪裝	除最基本的康養步道配套設施外，禁止其他開發建設行為，允許存在的設施的建築密度應低於2%，容積率低於0.04
崖線型 (d)	1. 康養步道遊徑寬度規劃為 ≥2.5 米 2. 步行道的縱坡最大不宜超過12%，當縱坡的坡度大於8%時，應輔以梯步解決豎向交通	宜採用自然式配置，避免植物種類單一、避免植物種株行距整齊劃一以及苗木規格一致，形成穩定的生態植物群落	1. 以自然處理的方式為主，不破壞其原有的地貌形態 2. 表層材料選擇推薦容易降解、較易維護但承受使用強度相對較低的鋪裝	除最基本的康養步道配套設施外，禁止其他開發建設行為，允許存在的設施的建築密度應低於2%，容積率低於0.04

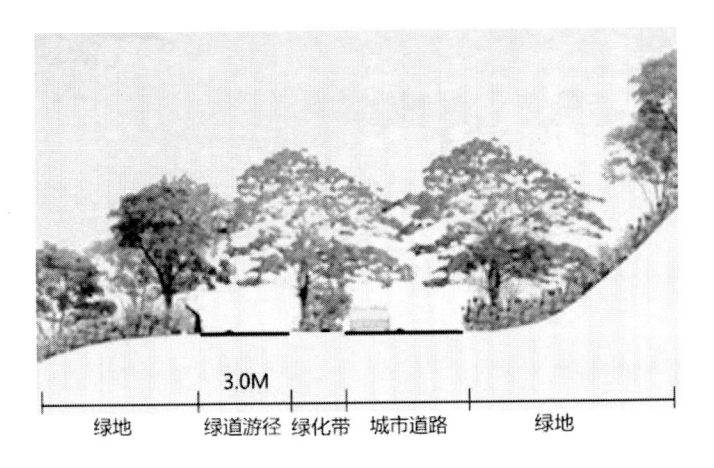

(a) 登山徑

(b) 山脊線

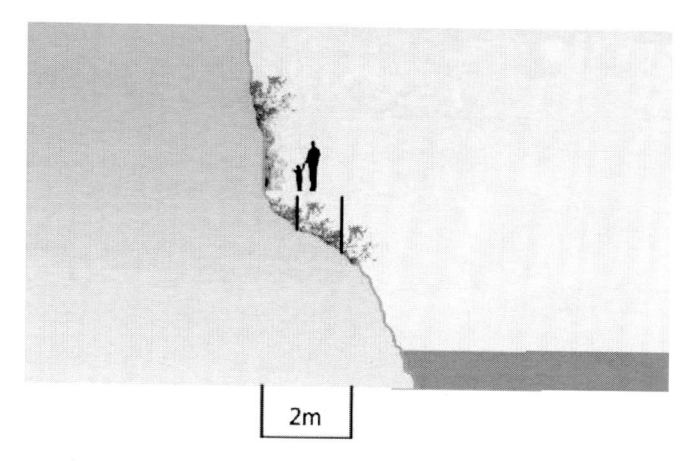

（c）衝溝型

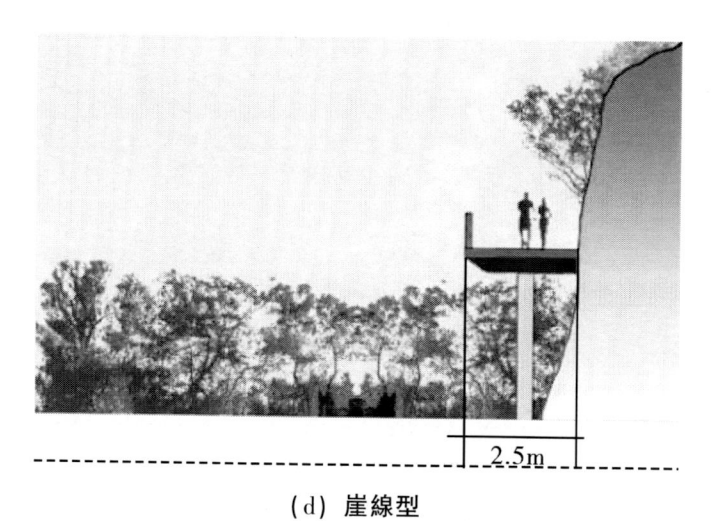

（d）崖線型

圖 6-63　山地型康養步道斷面指引圖

6.5.3.4 公園型康養步道建設指引

公園型康養步道建設指引如表 6-5、圖 6-64 所示。

表 6-5　公園型康養步道建設指引

分類	寬度坡度	植物配置	鋪裝材質	管理設施
公園外騎行道（a）	1. 在公園外側綠地中鋪設康養步道或對現有步行道進行改造 2. 原則上步行道寬度≥2米	宜採用自然式配置，盡可能利用原場地的現有植被，避免植物種類單一，注重植物配置的多樣性以形成穩定的生態植物群落	1. 根據周邊建築採用彩色透水混凝土、透水磚麻石等 2. 在滿足使用強度的基礎上，鼓勵採用耐水耐磨、環保生態、可塑性強、適合多種用途的自然材料鋪裝慢性道路面	1. 增加標示系統 2. 公園康養步道內主要建設有綠化隔離帶、服務站、醫療衛生站、交通換乘點等，服務站建設應優先利用現有設施
公園步道（b）	1. 借用公園內步道進行改造 2. 康養步道遊徑寬度規劃為2.0米~3.0米 3. 步行道橫坡不得超過4%，縱坡不得超過12%	1. 遊徑兩側綠地進行景觀提升 2. 結合各公園設計要點，植被配置要求合理搭配植被	1. 根據周邊建築採用彩色透水混凝土、透水磚麻石等 2. 在滿足使用強度的基礎上，鼓勵採用耐水耐磨、環保生態、可塑性強、適合多種用途的自然材料鋪裝慢性道路面	1. 增加標示系統 2. 公園康養步道內主要建設有綠化隔離帶、服務站、醫療衛生站、交通換乘點等，服務站建設應優先利用現有設施

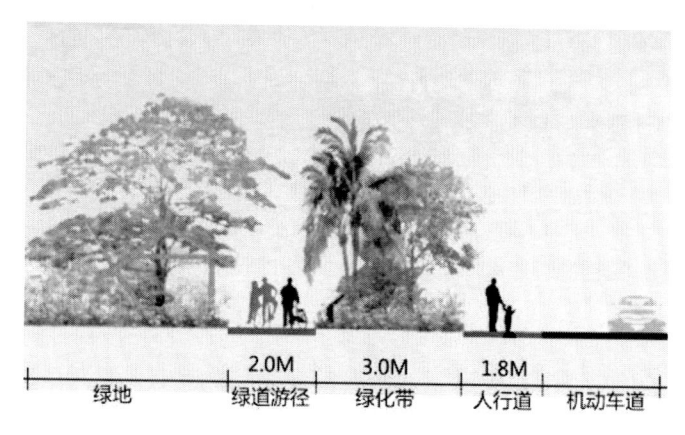

(a) 公園外步行道

(b) 公園步道

圖 6-64　公園型康養步道斷面指引圖

6.3.3.5　田園型康養步道建設指引

田園型康養步道建設指引如表 6-6、圖 6-65 所示。

表 6-6　田園型康養步道建設指引

分類	寬度	植物	鋪裝	設施小品
田園型康養步道	1. 原則上步行道寬度≥2米 2. 步行道橫坡不得超過4%，縱坡不得超過12%，當縱坡的坡度大於8%時，應輔以梯步解決豎向交通	宜採用自然式配置，避免植物種類單一，避免植物種植株行距整齊劃一以及苗木規格一致，以形成穩定的生態植物群落	1. 通過保持原路面或重新鋪裝路面，借用村道、園路或機耕道建設康養步道 2. 採用耐水耐磨、環保生態、可塑性強、適合多種用途的自然材料鋪裝慢性道路面	1. 嚴格保護生態環境，適度控制高強度的開發建設活動 2. 主要以人工綠化、配套設施、交通換乘點為主

圖 6-65　田園型康養步道斷面指引圖

6.4　寶蓮街康養步道詳細設計

6.4.1　設計概況

6.4.1.1　寶蓮街簡介

寶蓮街位於瀘州市龍馬潭區，是歷史名人蔣兆和故居所在地，位於學士山腳下，是一條由木建築圍合、青石板鋪路的民居老街，環境清幽，空間氛圍寧靜悠遠。該街道雖為老街，但

生活氣息濃厚,與周邊環境非常融合,具有很大的文化保護價值,如圖 6-66 所示。

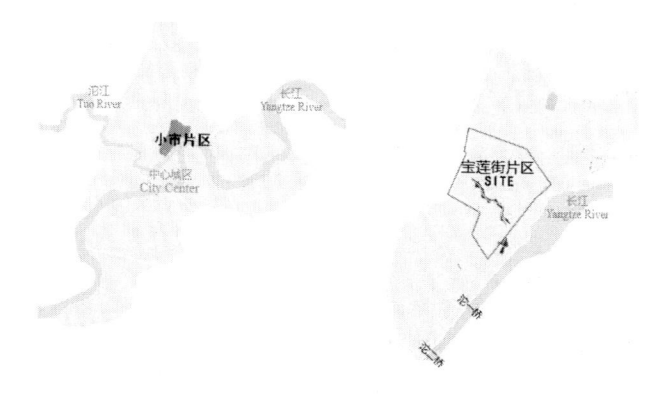

圖 6-66　寶蓮街區位圖

6.4.1.2　寶蓮街周邊用地情況

寶蓮街周邊地塊為公園綠地,且地形較大,外圍為老居住組團。

6.4.1.3　寶蓮街沿線重要資源及景觀狀況

作為相對保存完好的老街,寶蓮街本身特殊的地理條件以及建築排布肌理和道路鋪裝的經久性共同打造出了其獨一無二的文化標籤。周邊的老民居以及老廠房與清幽的山林相得益彰。這些元素的存在都使得整個空間更加豐富,如圖 6-67 所示。

(a) 寶蓮街建築

(b) 老住房　　　(c) 電視塔
圖 6-67　寶蓮街景觀狀況實景圖

6.4.1.3　寶蓮街主要道路現狀

寶蓮街道路如圖 6-68 所示。

(a) 林間小道　　(b) 青石板路

(c) 環山公路

圖 6-68　寶蓮街道路現狀圖

6.4.2　設計理念

　　文化是城市發展變化的印記。以酒城聞名的瀘州除酒文化之外，還擁有其他歷史悠久的人文景點，將這些景點有序串聯成展示城市文化脈絡的線路，對外具有文化宣傳的作用，可以突破瀘州「酒城」的既有文化名片，呈現出更多元化的文化名城形象。此外康養步道的建設將切實服務於城市居民日常生活活動的展開，並由此帶動一些文化景點的活力和人氣，有利於深化瀘州人民對整個城市的文化認知，主動參與到文化建設的隊伍中來。寶蓮街依託場地的歷史積澱，打造文藝漫享的康養步道線路，無論是建築還是街道，都體現出時間的印記，是一個充滿回憶和故事的地方。寧靜悠遠的生活讓人們憧憬，空間

的質感提升將從更多元化的角度提升場地價值。

6.4.3 活動策劃

在寶蓮街康養步道沿線規劃設置有向遊客展示當地人文風情、重塑場地風貌，開展攝影、美食、手工製作、寫生等活動的區域。

6.4.4 設計方案

6.4.4.1 總平面圖

寶蓮街平面圖如圖 6-69 所示。

圖 6-69　寶蓮街平面圖

6.4.4.2　康養步道線路特色分區

寶蓮街康養步道線路依據場地資源以及設計目標分為了三個特色區，如圖 6-70、圖 6-71 所示：

圖 6-70　寶蓮街分區圖

圖 6-71　寶蓮街半鳥瞰圖

6.4.4.3　斷面改造

①寶蓮街康養登山公路 A-A 斷面形式

此道路形式運用於由山腳通往學士山頂部電視塔的道路，在保證車行的條件下，沿坡度下降一側設置雙向步道，滿足觀景以及行人通行功能，同時保障了康養山地步道的安全視域。坡度上升一側設置 1 米寬鋪裝步道，避免溜坡影響道路通行，如圖 6-72、圖 6-73、圖 6-74 所示。

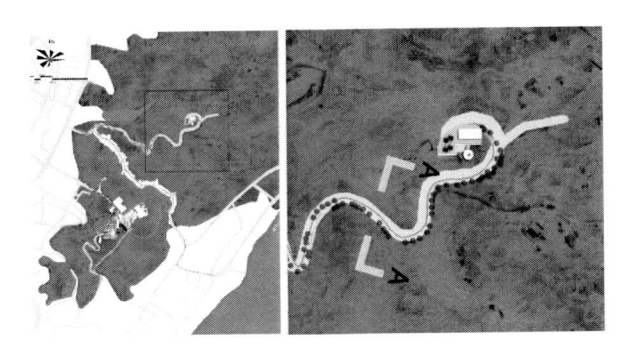

圖 6-72　寶蓮街康養登山公路斷面位置圖

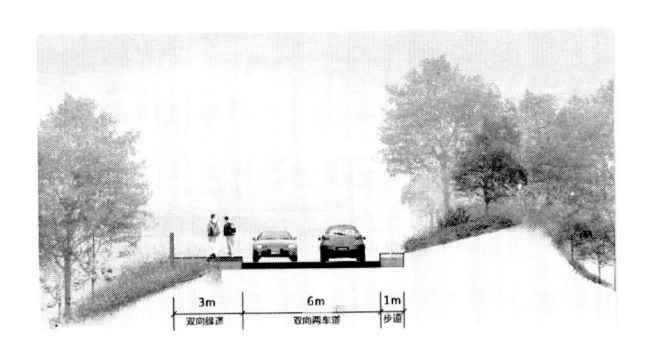

圖 6-73　寶蓮街康養登山公路 A-A 斷面圖

圖 6-74　寶蓮街康養登山公路 A-A 效果圖

②寶蓮街康養步道 B-B 斷面形式

　　此道路形式以保護寶蓮街原有的青石板鋪路為主，重在打造街道兩側的植被景觀，使整個街道更有秩序。該道路整體定位為步行空間，如圖 6-75、圖 6-76、圖 6-77 所示。

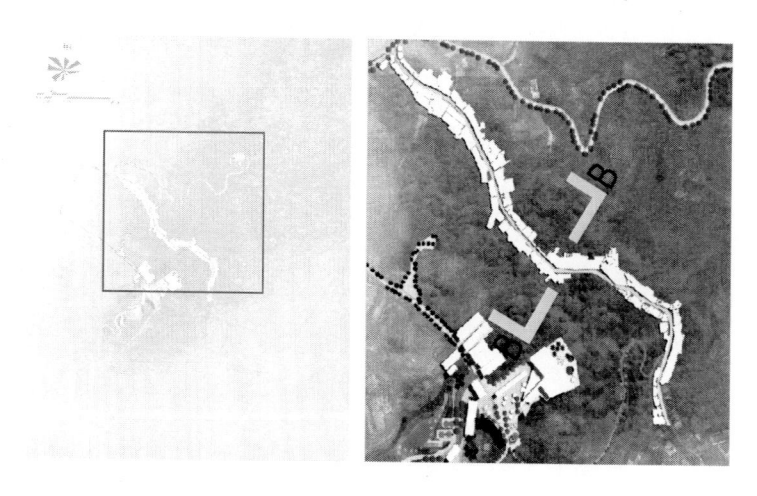

圖 6-75　寶蓮街康養步道 B-B 斷面位置圖

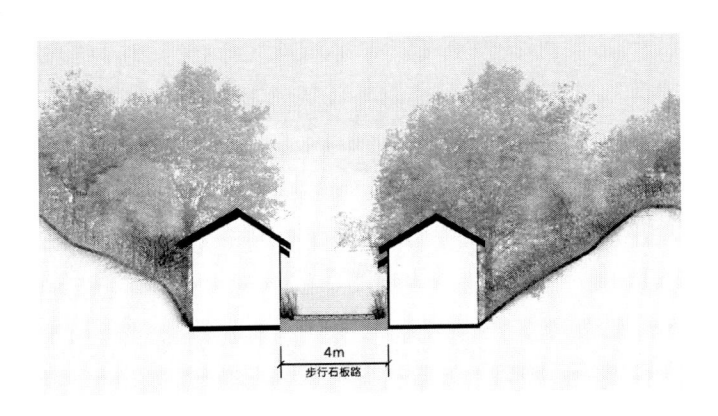

圖 6-76　寶蓮街康養步道 B-B 斷面圖

圖 6-77　寶蓮街康養步道效果圖

③寶蓮街康養登山步道 C-C 斷面形式

　　此道路應用於學士山周邊居住區通往由舊廠房改造的山林藝術空間，道路中心為雙向 3 米步道，兩側以鋪裝進行路面維護，主要給遊客提供觀景漫步空間，如圖 6-78、圖 6-79、圖 6-80所示。

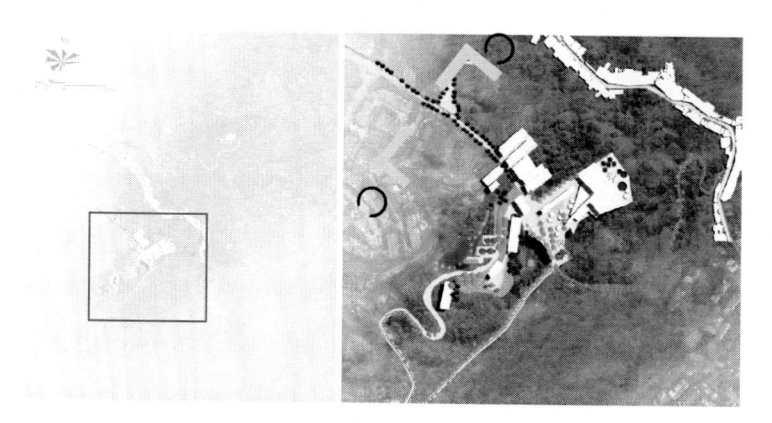

圖 6-78　寶蓮街康養登山步道 C-C 斷面平面位置圖

圖 6-79　寶蓮街康養登山步道 C-C 斷面圖

圖 6-80　寶蓮街康養登山步道效果圖

④寶蓮街林間康養步道 D-D 斷面形式

此道路形式主要應用於坡度較大的林地，連接寶蓮街與山林藝術空間，注重兩側的景觀打造，步道顏色在叢林中凸顯，並且與環境融合，如圖 6-81、圖 6-82、圖 6-83 所示。

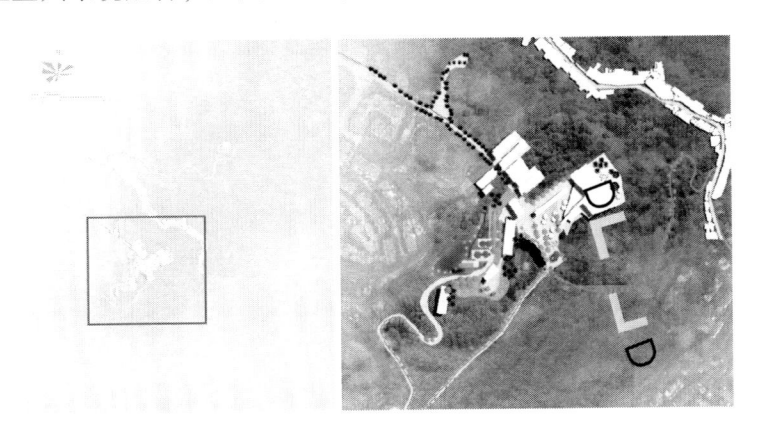

圖 6-81　寶蓮街林間康養步道 D-D 斷面平面位置圖

圖 6-82　寶蓮街林間康養步道 D-D 斷面圖

圖 6-83　寶蓮街林間康養步道效果圖

6.4.4.4　重要節點詳細設計

①節點一（寶蓮街）

功能：遊賞，停留，散步。

設計說明：通過對街道兩邊建築的修復以及對街道環境的整治，打造一條舒適宜人的康養漫步道，保留原有道路肌理，利用民居注入生活功能，保持場地的歷史感，如圖 6-84、圖 6-85、圖 6-86 所示。

圖 6-84　節點一
(寶蓮街) 位置圖

圖 6-85　節點一
(寶蓮街) 平面圖

圖 6-86　節點一 (寶蓮街) 效果圖

②節點二 (藝術天地)

功能：娛樂活動，藝術體驗，展覽。

設計說明：利用老舊廠房進行空間改造，打造成山林藝術體驗空間，可供人們休憩度假，作為康養山地步道體驗的一個重要驛站，提供一些活動的舉辦場地，如圖 6-87、圖 6-88、圖 6-89 所示。

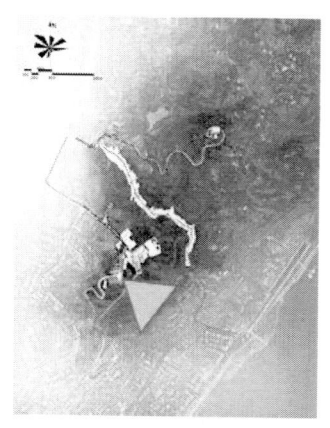

圖 6-87　節點二
（藝術天地）位置圖

圖 6-88　節點二
（藝術天地）平面圖

圖 6-89　節點二（藝術天地）效果圖

6.4.4.5　鋪裝設計

　　寶蓮街康養步道的鋪裝設計尊重場所精神，採用原生態的石材作為主要道路的鋪裝材料。活動空間鋪裝形式多變，注重平面上的切割與變化。

6.5 玉帶河康養步道詳細設計

6.5.1 設計概況

6.5.1.1 玉帶河簡介

玉帶河位於瀘州市城北新城，北段連接千鳳路，南段連接沱江。場地內河道自然曲折，植被豐富，是附近居民休閒遊樂的集中帶。主路建設較好，大部分濱河支路未建設，基礎設施較完善，如圖6-90所示。

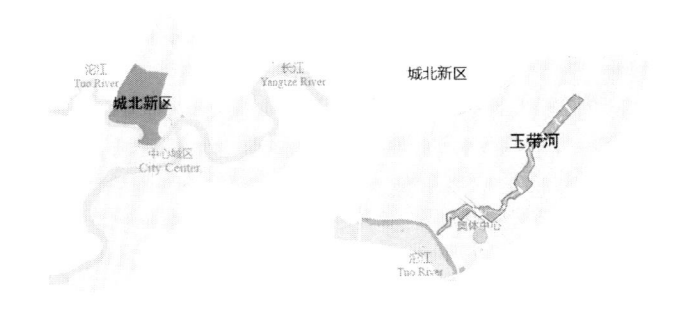

圖6-90 玉帶河區位圖

6.5.1.2 玉帶河周邊用地情況

玉帶河西側多為居住用地，南側多為綠地和工業用地。

6.5.1.3 玉帶河沿線重要資源及景觀狀況

玉帶河起於搖翔路，流經雲臺社區（安寧鎮）、玉帶橋社區（紅星街道）、長橋社區和新民社區，最終經瀘州醫學院城北校區匯入沱江，全長約5千米。濱河區植被豐富，但親水性較低，水質有待改善。

玉帶河靠北端建有奧林匹克體育中心、玉帶河濕地公園。玉帶河濕地公園通過叢林式的綠化、大面積的草坪，結合仿古園林硬質景觀，減輕了對沱江的水體污染，改善了片區人民群眾的生活環境。奧林匹克體育中心位於龍馬大道與蜀瀘大道交匯處，是集群眾健身、體育競技、休閒娛樂、大型聚會、文化交流為一體的多功能綜合性體育設施。

6.5.2 設計理念

近些年全民健身運動廣泛開展，為了帶動城市活力，提升城市居民健康生活的水準，特設置一條康養運動路線，發揮奧林匹克體育中心在運動健身活動開展過程中的支撐性作用，在玉帶河康養步道沿線設置相應的運動配套設施，依託玉帶河景觀資源，打造城市活力名片。

玉帶河的設計建設不是簡單的恢復生態，而是根據河流本身的特點，將活動引導至水岸，並結合歷史文化和現代狀況，打造一個生態優良的運動空間，串聯玉帶河公園與奧林匹克體育中心等多個特色活力點，旨在為市民提供一個自然、親和性的休憩與更具活力的運動空間，同時也改善了城市的生態環境，提高了整個城市的整體價值。

6.5.3 活動策劃

在玉帶河康養步道沿路規劃設置有匯聚場地人氣、提升城市風貌，開展濕地遊賞、活動健身、濱河漫步、文化體驗、科普教育等活動的區域。

6.5.4 設計方案

6.5.4.1 總平面圖

玉帶河如圖 6-91 所示。

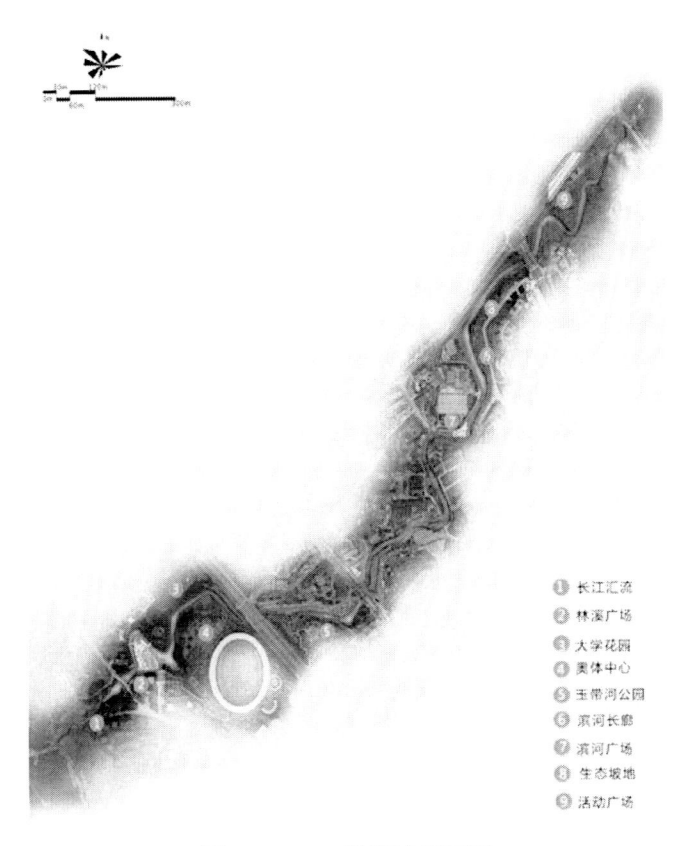

图 6-91　玉帶河總平面圖

6.5.4.2　康養步道線路特色分區

該康養步道線路依據場地資源以及設計目標分為了三個特色區，如圖 6-92、圖 6-93 所示。

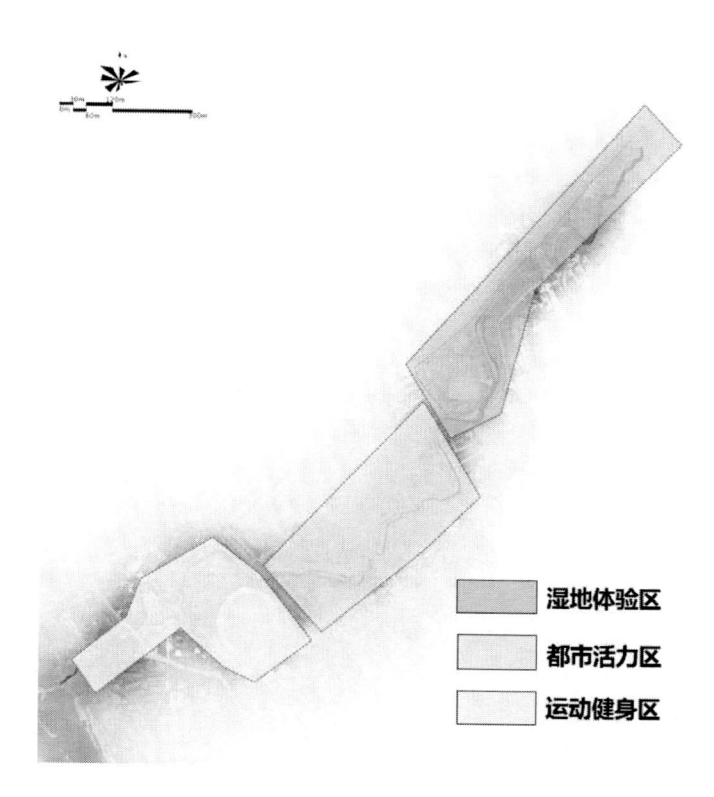

圖 6-92　玉帶河分區圖

6.5.4.3　斷面改造

①玉帶河濱河康養步道 A-A 斷面形式

此路段的河道兩側地勢較平坦，在臨水區域鋪設濱水康養木棧道，注重場地體驗的親水性，如圖 6-94、圖 6-95、圖 6-96、圖 6-97 所示。

圖 6-93　玉帶河半鳥瞰圖

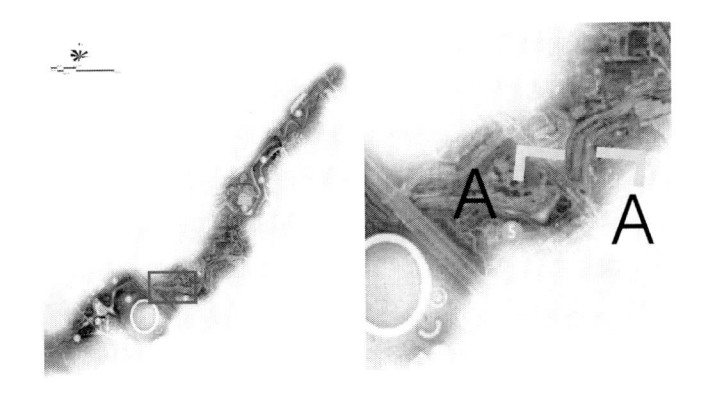

圖 6-94　玉帶河濱河康養步道 A-A 道路斷面位置圖

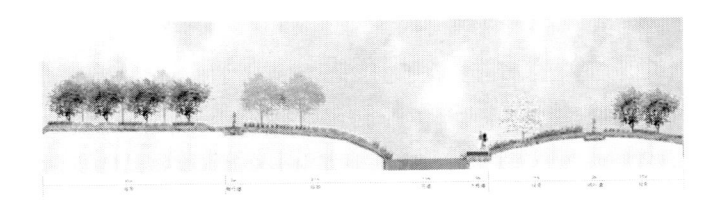

圖 6-95　玉帶河濱河康養步道 A-A 道路斷面圖

Part 6　實踐探索：森林康養步道規劃設計 | 161

圖 6-96　玉帶河濱河康養步道 A-A 道路現狀圖

圖 6-97　玉帶河濱河康養步道 A-A 道路效果圖

②玉帶河濱河康養步道 B-B 斷面形式

　　此路段南北兩側靠近街道處地勢較陡，靠近河道處地勢較平緩，兩側均設置濱河康養步道，適量栽種小喬木，形成視線通透的綠色廊道，如圖 6-98、圖 6-99、圖 6-100、圖 6-101 所示。

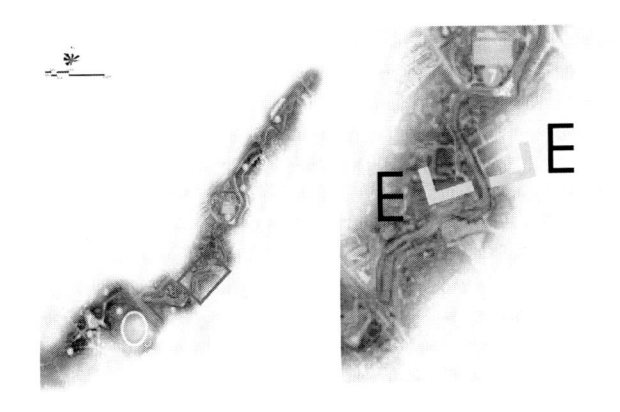

圖 6-98　B-B 玉帶河濱河康養步道斷面位置圖

圖 6-99　玉帶河濱河康養步道 B-B 道路現狀圖

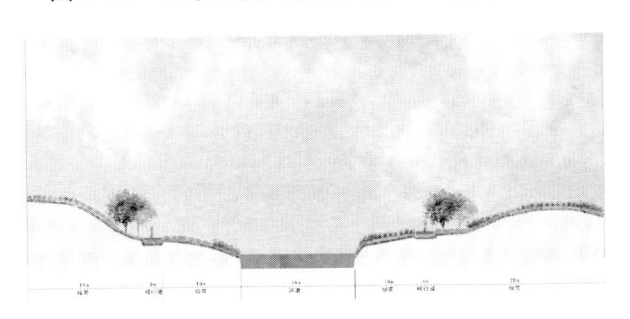

圖 6-100　玉帶河濱河康養步道 B-B 道路斷面圖

圖 6-101　玉帶河濱河康養步道 B-B 道路效果圖

③玉帶河濱河康養步道 C-C 斷面形式

　　此路段河道北側地勢較陡，南側現有濱水廊道，且較平緩，增設康養階梯步道與濱水廊道相連接，且調整濱水康養步道的地面鋪磚，使整個路段步道風格協調統一。如圖 6-102、圖 6-103、圖 6-104、圖 6-105 所示。

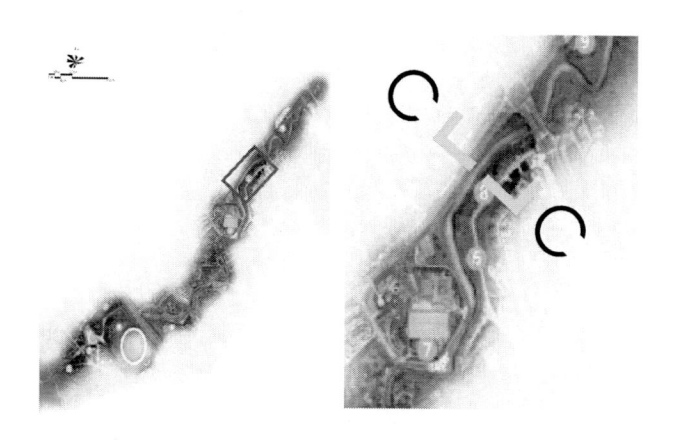

圖 6-102　玉帶河濱河康養步道道路 C-C 斷面位置圖

圖 6-103　玉帶河濱河康養步道道路 C-C 現狀圖

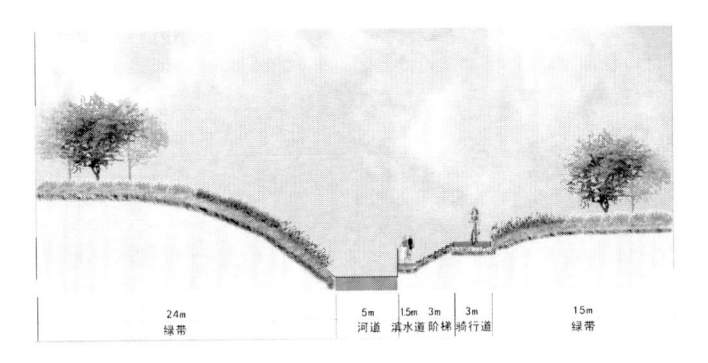

圖 6-104　玉帶河濱河康養步道 C-C 斷面圖

圖 6-105　玉帶河濱河康養步道 C-C 效果圖

6.5.4.4　重要節點詳細設計

①節點一（林溪廣場）

功能：遊賞、健身、散步。

設計說明：利用原有綠地，通過設置園內康養小徑、親水準臺、濱水準臺、五彩花帶、彩葉林帶、健身器材、景觀休憩建築，為周邊居民提供休閒遊樂、康體健身、親水體驗的遊憩場所，如圖 6-106、圖 6-107、圖 6-108 所示。

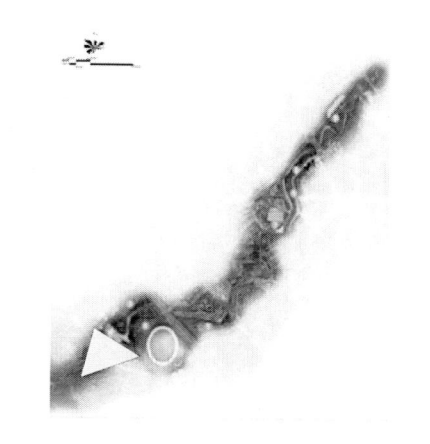

圖 6-106　節點一（林溪廣場）位置圖

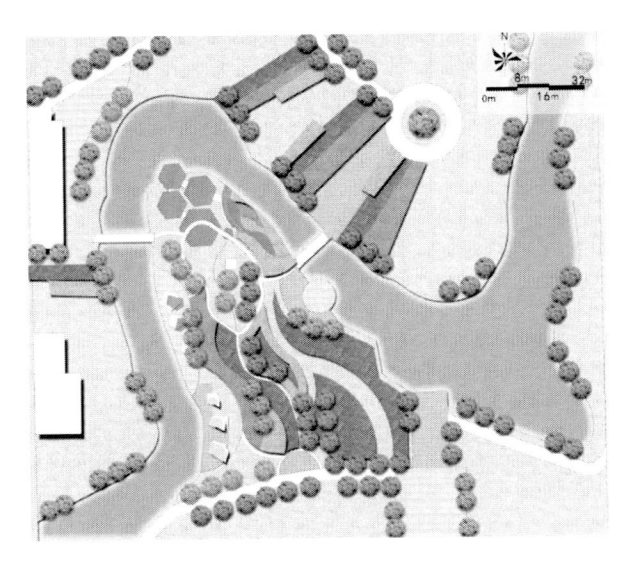

圖 6-107　節點一（林溪廣場）平面圖

圖 6-108　節點一（林溪廣場）效果圖

②節點二（濱河廣場）

功能：娛樂活動、親水體驗、停留。

設計說明：利用濱河空間，本著保護生態環境的理念，利用卵石自然式駁岸緩坡入水的設計方式，形成別樣的濕地體驗。

同時設置衛生間，為其間的遊憩活動提供便利，如圖 6-109、圖 6-110、圖 6-111 所示。

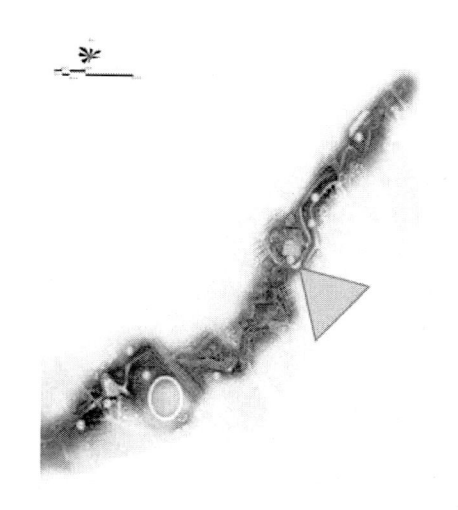

圖 6-109　節點二（濱河廣場）位置圖

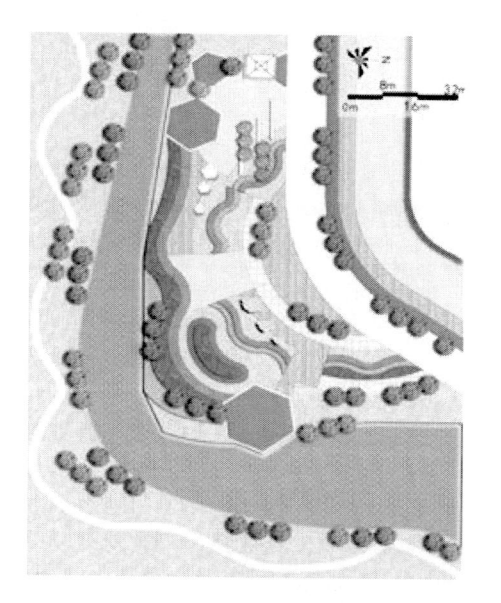

圖 6-110　節點二（濕地景觀廣場）平面圖

圖 6-111　節點二（濱河廣場）效果圖

參考文獻

[1] 李沁. 森林公園遊步道體驗設計的探討 [J]. 山西林業科技, 2006, (3): 55-56.

[2] 吳明添. 森林公園遊步道設計研究 [D]. 福州: 福建農林大學, 2007.

[3] 林振華. 森林公園道路規劃設計方法探討 [J]. 福建林業科技, 1996, 23 (2): 7-13.

[4] 楊鐵東, 王洪波, 等. 森林公園中游步道設計探索 [J]. 華東森林經理, 2004, 18 (4): 46-48.

[5] 黃淑為, 林宴州. 遊客特性及旅遊特性對於登山步道屬性偏好之影響 [C]. 觀光遊憩規劃研究, 1999: 33-52.

[6] 但維宇, 但新球. 步道: 森林公園的隨身導遊 [J]. 森林與人類, 2014 (C8).

[7] 林文鎮. 森林美學系列之九: 美的林間步道, 臺灣林業 [J]. 1990, 16 (6): 1-6.

[8] Backman S J, Crompton J L. The usefulness of selected variables for predicting activity loyalty [J]. Leisure Si－nences, 1991, 13 (3): 205-220.

[9] Cardozo R N. An experimental study of customer effort, expectation and satisfaction [J]. Journal of Marketing Research, 1965 (2): 244-249.

［10］張冠娉，吳越. 基於 GIS 的鵝形山森林公園遊步道選線系統的建立［J］. 中外建築，2012（5）.

［11］王燕玲. 基於森林氣候療療法理念的福州市金雞山公園步道規劃研究［D］. 福州：福建農林大學，2016.

［12］上原岩. 樂活之森——森林療法的多元應用［M］. 姚巧梅，譯. 臺北：張老師文化事業股份有限公司，2013：19-40.

［13］三谷徹，高杰. 奧多摩森林療法之路［J］. 風景園林，2011（4）：92-96.

［14］李楊. 郊山健行步道系統設計初探——以臺北市周邊親山步道為例［D］. 北京：北京交通大學，2013.

［15］NPO 法人森林セラピーソサエテ. 森林セラピーガイドブック［M］. 東京：JTB 企畫出版社，2009：15.

［16］吳志萍，王成. 城市綠地與人體健康［J］. 世界林業研究，2007，20（2）：32-37.

［17］曹禮昆，曹德鯤. 風景園林設計要素［M］. 北京：中國林業出版社，2012：211-213.

［18］齊岱蔚. 達到身心平衡——康復療養空間景觀設計初探［D］. 北京：北京林業大學，2007.

［19］朱忠芳. 基於文化視角的森林公園遊步道產品設計——以福州國家森林公園為例［J］. 四川林勘設計. 2010（10）.

［20］張國洪. 中國文化旅遊——理論·戰略·實踐［M］. 天津：南開大學出版社，2001.

［21］張燕. 腳步踏出的「國家地標」——國家森林步道［J］. 國土綠化，2017（10）.

［22］李瑞君，何婧. 淺談森林公園旅遊步道設計［J］. 陝西林業，2011（B10）.

［23］涂志川. 園林規劃設計淺析Ⅲ［J］. 福建建設科技，2004，（1）：20-21.

［24］江海燕. 自然遊憩地步道系統規劃設計［J］. 中南林業調查規劃, 2006, (25): 17-20.

［25］王靜. 森林公園遊步道附屬設施設計初探［J］. 現代園藝生態綠化, 2017 (3).

［26］萬禹, 周建華. 公園遊步道景觀序列「韻律與節奏」的表達［J］. 西南師範大學學報（自然科學版）, 2015 (3): 65-68.

［27］楊堯蘭, 米鴻燕, 李銘諾. 基於3S的森林公園遊步道設計應用［J］. 安徽農業科學, 2015 (24): 166-169.

［28］張自衡, 唐紅. 森林公園遊步道景觀規劃及設計探究——以鬼谷嶺森林公園遊步道設計為例［J］. 現代園藝景觀設計. 2017 (4).

［29］卿平勇. 淺議園林道路的景觀設計［J］. 北方園藝, 2007 (10).

［30］沈洪. 小議路與園路［J］. 園林, 2003 (9).

［31］馬宏俊. 森林康養發展模式及康養要素淺析［J］. 林業調查規劃, 2017, 42 (5): 124-127.

［32］白立敏, 侯建宇. 試論健身步道的發展與設計——以長春淨月潭森林公園徒步道設計為例［J］. 科技創新與應用. 2014 (3).

［33］譚少華, 趙萬民. 綠道規劃研究進展與展望［J］. 中國園林, 2007, (2): 85-89.

［34］李瑞冬, 胡釘. 一次遊步道的創新設計［J］. 園林, 2003 (3): 55-56.

［35］杜朝雲, 蔣春蓉. 森林康養發展概況［J］. 四川林勘設計, 2016 (2): 6-9.

［36］龐彤彤. 國家旅遊線路評價與初步設計［D］. 青島: 中國海洋大學. 2010.

［37］張雪雲.森林步道環境特性對遊客心理評價反應的影響——以天際嶺國家森林公園為例［D］.長沙：中南林業科技大學.2015.

［38］王秋鳥.鄉村旅遊步道系統研究——以三岔村為例［D］.北京：北京林業大學.2016.

［39］孫抱樸.「森林康養」是中國大健康產業的新業態、新模式［J］.商業文化，2015，（22）：82-83.

［40］雷巍娥.森林康養概論［M］.北京：中國林業出版社，2016：6-7.

［41］鄭群明.日本森林保健旅遊開發及研究進展［J］.林業經濟問題，2011，31（3）：275-278.

［42］李卿.森林醫學［M］.北京：科學出版社，2013.

［43］張勝軍.國外森林康養業發展及啟示［J］.中國林業產業，2018（5）：76-80.

［44］叢麗，張玉鈞.對森林康養旅遊科學性研究的思考［J］.旅遊學刊，2016，31（11）：6-8.

［45］J Lee, B J Park, Y Tsunetsugu, et al. Forests and human health-recent trends in Japan［M］.［s. l.］: Forest Medicine, 2013: 243-257.

［46］鄭群明.森林保健旅遊［M］.北京：中國環境出版社，2014：133-134.

［47］Ohtsuka Y, Yabunaka N, Takayama. Shinrin-yoku (forest-air bathing and walking) effectively decreases blood glucose levels in diabetic patients［J］. International Journal of Biometeorology, 1998, 41（3）: 125-127.

［48］Lee J, Park B J, Tsunetsugu Y, et al. Effect of forest bathing on physiological and psychological responses in young Japanese male subjects［J］. Public Health, 2011, 125（2）: 93-100.

［49］Li Q, Kawada T. Effect of forest therapy on the human psycho-neuro-endocrino-immune network［J］. Nihonseigaku Zasshi Japanese Journal of Hygiene, 2011, 66（4）：645-50.

［50］Li Q. Effect of forest bathing trips on human immune function［J］. Environmental Health and Preventive Medicine, 2010, 15（1）：9-17.

［51］Park B J, Tsunetsugu Y, Morikawa T, et al. Physiological and psychological effects of walking in stay-in forest therapy［J］. Nihonseigaku Zasshi Japanese Journal of Hygiene, 2014, 69（2）：98.

［52］南海龍, 劉立軍, 王小平, 等. 森林療養漫談［M］. 北京：中國林業出版社, 2016：136-137.

［53］周政, 顧新娣, 邱婭, 等. 森林浴對幾項生理值的影響［J］. 中國康復, 1992（1）：22-25.

［54］苟景銘, 餘雪梅. 加快四川森林康養產業科學發展的思考［J］. 四川林勘設計, 2006（1）：15-20.

［55］吳曉青, 朱雪娟. 淺析四川發展森林康養產業的優勢［J］. 四川林業科技, 2016, 37（4）：43-46.

［56］李濱. 四川發展森林康養產業的思考與建議［J］. 新西部（下旬刊）, 2017（1）：17.

［57］周亦波. 森林康養旅遊初探［J］. 旅遊縱覽月刊, 2016（5）：16.

［58］譚益民, 張志強. 森林康養基地規劃設計研究［J］. 湖南工業大學學報, 2017, 31（1）：1-9.

［59］劉朝望, 王道陽, 喬永強. 森林康養基地建設探究［J］. 林業資源管理, 2017（2）：93-96.

［60］何彬生, 賀維, 張煒, 等. 依託國家森林公園發展森林康養產業的探討——以四川空山國家森林公園為例［J］. 四川

林業科技，2016，(1)：81-87.

[61] 國家林業局.國家森林步道建設規範：LY/T 2790-2017 [S].北京：中國標準出版社，2017：3-8.

[62] 龔夢柯，吳建平，南海龍.森林環境對人體健康影響的實證研究 [J].北京林業大學學報（社會科學版），2017，16（40）：44-51.

[63] 朱曉磊，張曉暢，武鳴，等.健康步道建設及使用效果調查 [J].中華疾病控制雜誌，2018，22（1）：70-74.

[64] 李如生.美國國家公園管理體制 [M].北京：中國建築工業出版社，2005：137-138.

[65] 劉瑩菲.澳大利亞國家公園管理特點及對中國森林旅遊業的啟示 [J].林業經濟，2004，47-48.

[66] 張向華.尼泊爾的國家公園和自然保護區的介紹 [J].中國園林，2006，9（3）：92-94.

[67] 李紀友.森林公園步行道總體設計初探 [J].廣東林業科技，2005，(3)：48-50.

[68] 顏雯.森林康養產業經濟帶動性與環保型方案研究 [J].綠色科技，2016（21）：101-102.

[69] 郄光發，房城，王成，等.森林保健生理與心理研究進展 [J].世界林業研究，2011，24（3）：37-41.

[70] 張豔麗，王丹.森林療養對人類健康影響的研究進展 [J].河北林業科技，2016（3）：86-90.

[71] 鄧三龍.森林康養的理論研究與實踐 [J].世界林業研究，2016（12）：26-29.

[72] 但新球.森林公園的療養保健功能及在規劃中的應用 [J].中南林業調查規劃，1994（1）：54-57

[73] 林增學，鄭群明.日本森林浴基地開發特色探析 [J].社會科學家，2013（6）：87-90.

［74］肖光明，吳楚材.中國森林浴的旅遊開發利用研究［J］.北京第二外國語學院學報，2008，30（3）：70-74.

［75］南海龍，王小平，陳峻崎，等.日本森林療法及啟示［J］.世界林業研究，2013，26（3）：74-78.

［76］張志強，譚益民.日本森林療法基地建設研究［J］.林業調查規劃，2016，41（5）：106-111.

［77］陳鑫峰，李奎.大健康背景下，森林養生劍指何方——對中國森林康養未來發展的分析與探討［J］.林業與生態，2017（2）：16-17.

［78］雷超銘.唐仁健：做大做強森林生態旅遊［J］.廣西林業，2017（2）：5-6.

［79］李權.大健康與大旅遊背景下貴州省森林康養科學發展策略［J］.福建林業科技，2017，44（2）：152-156.

［80］呂美波.淺談森林康養［J］.農村實用技術.2017（10）：16-19.

［81］王恩峰.分析森林康養旅遊的發展［J］.旅遊縱覽，2016（11）：37.

［82］王建民.緊抓森林康養發展機遇全力實現產業轉型［J］.中國科技投資，2017（22）：344.

［83］王勇.森林康養的理論及實踐分析［J］.農家科技，2017（10）：1.

［84］張寧.國家森林公園遊憩步道設計研究［J］.四川建材，2017，43（11）：55，68.

［85］智葉，郄光發.跨界與融合是森林康養發展的必由之路［J］.林業經濟，2017（11）：3-6，11.

後記

　　本書對森林康養步道的相關研究理論進行了梳理、歸納和總結，首次對森林康養步道的概念進行了定義，並系統性地提出了森林康養步道的規劃佈局和詳細設計建議，對森林康養步道的研究體系進行了補充和完善。在此基礎上本書展開大量康養步道項目的實踐與探索，為未來森林康養步道的相關研究與規劃設計獻上綿薄之力。除此之外，在項目實踐探索中，為緩解城市病現象，創新性地引入城市康養步道，將森林康養理念與相關理論的運用過渡到城市康養步道中，為城市居民健康出行提供了機會，也為健康城市的發展與建設提供了新的思路。

　　目前，森林康養步道的研究尚處於起步階段，雖然想盡力完善理論並兼顧實用，但限於水準和能力，本書僅能拋磚引玉。即使如此，書稿還是吸取了眾多專家的多項學術研究成果，是站在先行者的肩膀上，在多位前輩和師長的扶助下、在眾多同仁好友以及項目組同學們的幫助下完成的。感謝的話都無法表達對大家的誠摯謝意。

　　本書雖然完成了，但還有許多不完善的地方，錯漏之處敬請各位專家多多批評指正！

國家圖書館出版品預行編目（CIP）資料

森林康養步道設計與實踐 / 付而康, 李西, 黃遠祥 編著. -- 第一版.
-- 臺北市：財經錢線文化, 2020.05
　　面；　　公分
POD版

ISBN 978-957-680-424-3(平裝)

1.森林生態學 2.林業管理

436.12　　　　　　　　　109006270

書　　名：森林康養步道設計與實踐
作　　者：付而康,李西,黃遠祥 編著
發 行 人：黃振庭
出 版 者：財經錢線文化事業有限公司
發 行 者：財經錢線文化事業有限公司
E - m a i l：sonbookservice@gmail.com
粉 絲 頁：　　　　　　　網　址：
地　　址：台北市中正區重慶南路一段六十一號八樓 815 室
8F.-815, No.61, Sec. 1, Chongqing S. Rd., Zhongzheng Dist., Taipei City 100, Taiwan (R.O.C.)
電　　話：(02)2370-3310 傳　真：(02) 2388-1990
總 經 銷：紅螞蟻圖書有限公司
地　　址：台北市內湖區舊宗路二段 121 巷 19 號
電　　話：02-2795-3656 傳真：02-2795-4100　　網址：
印　　刷：京峯彩色印刷有限公司（京峰數位）

本書版權為西南財經大學出版社所有授權崧博出版事業股份有限公司獨家發行電子書及繁體書繁體字版。若有其他相關權利及授權需求請與本公司聯繫。

定　　價：350 元
發行日期：2020 年 05 月第一版
◎ 本書以 POD 印製發行